Oops!
Innovation ist kein Zufall.

Christina Taylor

Konzept und Gesamtprojektleitung: Alexander Volz, Swisscom (Schweiz) AG
Layout und Illustrationen: Silvie Süsstrunk, Swisscom (Schweiz) AG
Lektorat: Angela Haas, Swisscom (Schweiz) AG

ISBN 978-3-033-05553-7

Die bibliografischen Informationen zu diesem Buch stellt die Schweizer Nationalbibliothek in der Nationalbibliografie Das Schweizer Buch und auf ihrer Internetseite www.nb.admin.ch/helveticat zur Verfügung.

Bibliographische Information der Deutschen Nationalbibliothek: Die Deutsche Nationalbibliothek verzeichnet diese Publikation in der Deutschen Nationalbibliographie; detaillierte bibliographische Daten sind im Internet über http://dnb.ddb.de abrufbar.

VORWORT

Megatrends wie Globalisierung, Digitalisierung, Individualisierung und neue Technologien bescheren grossen Unternehmen handfeste Herausforderungen. Aber auch Chancen. Trotz unserer fast hundertjährigen Unternehmensgeschichte erwirtschaften wir einen Grossteil unserer Umsätze mit Technologien, die es vor acht Jahren noch gar nicht gab. Dabei ist für uns nicht mehr die wichtigste Frage, was wir mit unseren Technologien alles machen können. Für uns steht der Kunde, der Mensch im Fokus. Und damit die Frage, welchen Beitrag können wir leisten, das Leben unserer Kunden zu erleichtern und zu bereichern. Ich bin davon überzeugt, dass positiv emotionale Kundenerlebnisse ein starker Wettbewerbsvorteil sind. Dabei spielt Human Centered Design für Swisscom eine zentrale Rolle. Was vor über zehn Jahren als kleine Pflanze in unserem Outpost im Silicon Valley begann, hat mittlerweile seinen Weg als Innovationskultur in alle Bereiche des Unternehmens gefunden.

Urs Schaeppi, CEO Swisscom AG

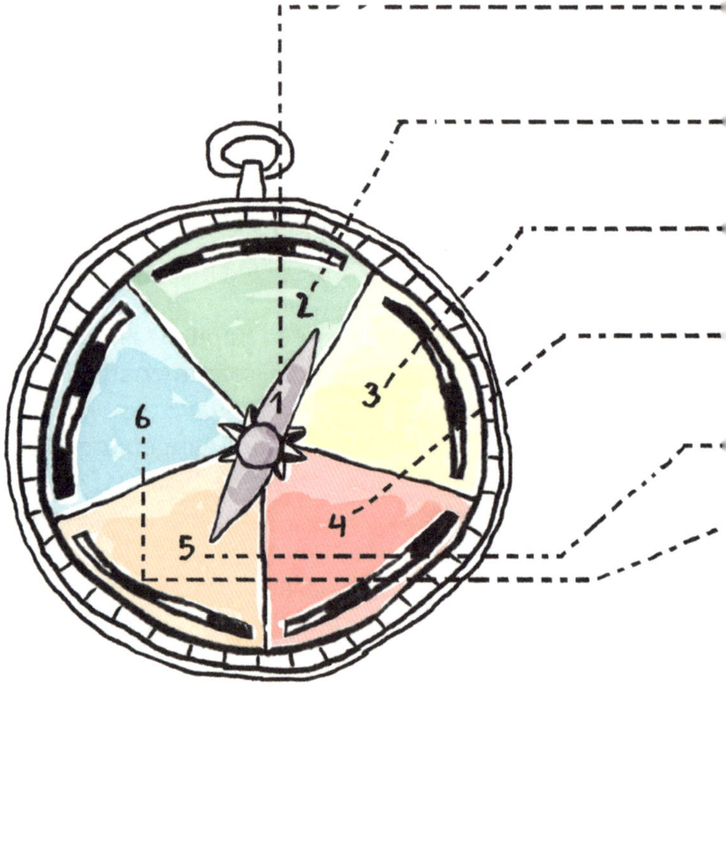

1
2
3
4
5
6

INHALT

INTRO

DAS LEBEN IST EIN PROTOTYP

«Oops, jetzt bin ich auf Glatteis!», war mein erster Gedanke, als ich 2003 im Silicon Valley ankam. Mir kam alles fremd vor und ich befand mich deutlich ausserhalb meiner Komfortzone. Swisscom hatte mich in ihren kleinen Outpost nach Kalifornien geschickt, um technologische Innovation in die Schweiz zu bringen. Entdeckt habe ich etwas anderes: Human Centered Design – menschenzentrierte Innovation.

Und das kam so. In der Telekommunikationsbranche suchte man damals nach der bahnbrechenden und zukunftsweisenden Technologie, die das eigene Geschäft über Jahrzehnte sichern sollte. Schliesslich war der Schweizer Markt gesättigt, und die Produkte und Services unserer Mitbewerber ähnelten unseren. Dementsprechend war Swisscom auf der Suche nach dem «Next Big Thing» und einer nachhaltigen Differenzierung. Und wenn es einen Ort auf der Welt gab, wo die Innovationskraft und Leidenschaft für derart Neues gebündelt zu finden war, dann im kalifornischen Silicon Valley.

Fail early, fail fast, fail cheap

96%

aller Projektideen erreichen ihren Return on Investment nicht

Quelle: Meehan, Mary, 2014

Wie viele andere technologiebasierte Unternehmen rund um den Globus hat auch Swisscom einen Outpost im Valley. Damals mit zwei eigenen Scouts, die dort zahllose Vorträge, Unternehmenspräsentationen junger Startups und Business-Lunches besuchten. Ich war einer davon. Und wir brachten auch tatsächlich eine gute Anzahl technologiegetriebener Innovationen in die Schweiz. Allerdings floppten die meisten oder sie wurden gar nicht erst eingeführt. Ganze 96% aller Projektideen erreichten ihren Return on Investment nicht. Und das war frustrierend!

Natürlich stellte ich mir die Frage, warum das so war. Und ich begann, nach anderen Wegen zu suchen, die erfolgreiche Innovation ermöglichen. Und selbst wenn ich mir Augen, Nase und Ohren zugehalten hätte: Im Valley lag etwas in der Luft. Eine andere, taufrische Energie, die mich magnetisch anzog. Ich musste einfach mehr erfahren.

Dann entdeckte ich die d.school, das Stanford Research Institute und Design-Firmen wie IDEO, Philips und HP Design und merkte, dass es im Valley eine ganze Szene gab rund um agile Arbeitsweisen, Human Centered Design und Customer Experience Design. Ihr fester Glaube: Der Mensch macht den Unterschied, nicht nur die Technologie oder die Aktionäre. Differenzieren kann sich, wer das Kundenerlebnis bewusst, mutig und überraschend gestaltet, umsetzt und pflegt! Dabei möchte ich kurz anmerken, dass der Ausdruck Design hier in keiner Weise auf die Bedeutung von visueller Gestaltung reduziert ist. Es geht um Entwicklung und Gestaltung von Arbeitsweisen und

bewusste
Entscheide

Dienstleistungen bis hin zu Produkten und Räumen.

Nach meinen ersten intensiveren Gesprächen mit Vertretern dieser Firmen war mir klar: Wer für die Zukunft gerüstet sein möchte, kommt an dieser Vorgehensweise nicht vorbei. Die Kultur der Design-Firmen war wertschätzend, informell, man hörte sich zu. Überall passierte Prototyping. Es wurden also Ideen so einfach und minimalistisch umgesetzt, dass sie bereits in frühsten Phasen der Entwicklung getestet und auf ein bestmögliches Kundenerlebnis angepasst werden konnten. Der Markterfolg neuer Produkte und Ideen schnellte dadurch von 4% auf 30%. Auch die Räume strotzten vor Farbe und Energie, nichts war glatt und perfekt. Und der Mensch stand im Zentrum der Problemlösung. Mir war bald klar, dass wir genau das, was ich hier erlebte, auch bei Swisscom brauchten.

Management Decision

Der Zufall wollte es, dass in dieser Zeit zwei Topmanager aus der Schweiz ihren Besuch im Valley ankündigten. In ihrem engen Terminplan sollten natürlich nur Stippvisiten bei Tech-Start-ups Platz haben. Dabei wollten wir ihnen in unserer Euphorie vor allem Unternehmen zeigen, die Human Centered Design leben. Aber unser Versuch, die Agenda zu ändern und Design-Firmen ins Programm zu schmuggeln, wurde entdeckt und beendet. Also beschlossen meine Kollegin und ich, den Besuch bei einer Design-Firma auch ohne Aufnahme in das offizielle Programm zu planen – ein anderes Start-up konnte schliesslich absagen. Und für diesen Fall braucht man natürlich einen Plan B, oder?

Zum Glück stimmte unser Gespür: Der Funke sprang auf die Schweizer Manager über. Nur ein paar Monate später wurden 500 Swisscom Kolleginnen und Kollegen ins Valley geschickt – sie sollten von uns in Kundenzentrierung, Prototyping, Pitching und Feedback geschult werden. Es ging ums Übertragen von Verantwortung an die Mitarbeitenden, um die Suche nach dem verborgenen Potenzial, das in jedem Menschen, jedem Team und jeder Organisation steckt. Und damit war der Grundstein gelegt.

Das Leben ist ein Prototyp

In meinen fünf Jahren im Valley besuchte ich mindestens 300 Firmen und studierte ihre Unternehmenskultur und Sprache. Ich las Hunderte von Büchern. Die grosse Frage war, wie ich die menschenzentrierte Arbeitsweise in die Schweiz, in ein etabliertes Unternehmen mit langer Tradition, bringen konnte?

Als ich 2008 wieder zu Swisscom in die Schweiz kam, wurde mir die Gelegenheit gegeben, mit einem kleinen Team meine Ideen in die Tat umzusetzen. Wir stellten das Kundenerlebnis ins Zentrum unserer Überlegungen, entwickelten und verfeinerten Methoden und schulten und unterstützten Kollegen bei der Anwendung von Human Centered Design.

Auch unseren Kollegen war sehr bewusst, dass es heute nicht mehr reicht, gute Produkte und Services anzubieten. Der Preisdruck wird nicht enden; billige Produkte werden nicht mehr in Europa hergestellt. Wir leben in der Experience Economy – in einem entwickelten Markt suchen die Menschen nach Erlebnis-

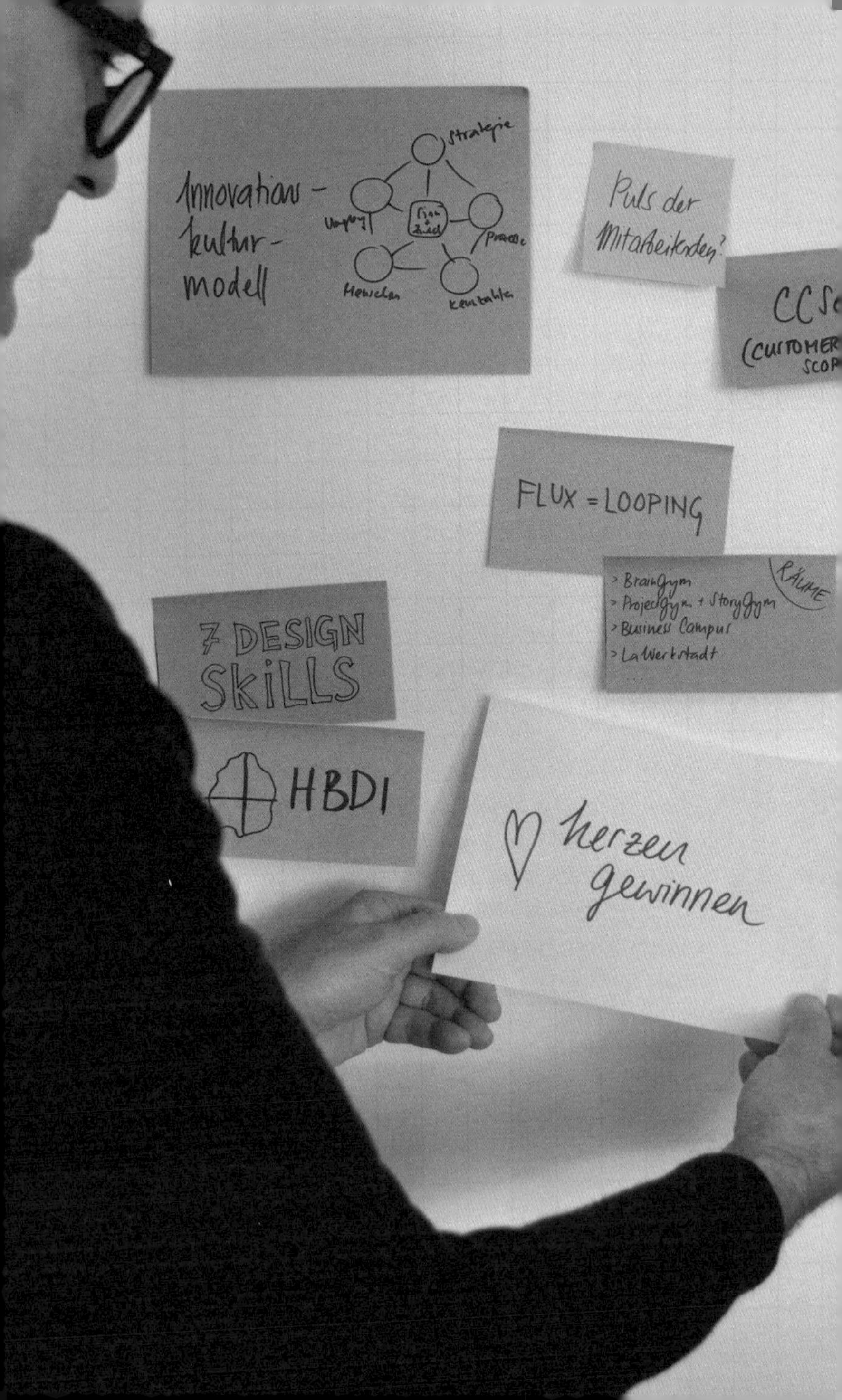
Innovations-kultur-modell
Strategie
Puls der Mitarbeitenden?
FLUX = LOOPING
> BrainGym
> ProjectGym + StoryGym
> Business Campus
> La Werkstadt
RÄUME
7 DESIGN SKILLS
HBDI
herzen gewinnen

sen. Und um diese Erlebnisse zu schaffen, braucht es auch eine neue Art der Zusammenarbeit, mit einer Human Centered Design-Haltung. Einer Einstellung die im Konzern Silos sprengt.

Unsere Welt ist dynamisch; also muss sich auch unsere Zusammenarbeit so gestalten: Sie sollte schnell sein, kundenorientiert und Fehler im Positiven nutzen, um besser zu werden. Es ist nicht effektiv, sich drei Monate ins stille Kämmerlein zurückzuziehen, um anschliessend eine Idee gerademal dem Topmanagement zu präsentieren. Sprints und wöchentliche bewusste Entscheide sind nötig. Wir müssen rasch Ideen testen, in dem wir Prototypen entwickeln, diese gemeinsam mit Kunden, Experten und Querdenkern hinterfragen und wieder anpassen. So entstehen vielversprechende neue Lösungen und unrentable, unrealisierbare Ansätze werden früh verworfen.

Mit diesen Erkenntnissen starteten wir bei Swisscom unsere gemeinsame Reise, um Erlebnisse zu entwickeln, die Mitarbeiter und Kunden begeistern. Doch genauso wie sich jeder Mensch individuell weiterentwickelt und die Gesellschaft sich verändert, werden sich auch die Kundenerlebnisse den Entwicklungen anpassen müssen. Die Suche nach den relevanten Kundenerlebnissen ist also eine Reise, die per Philosophie keinen definierten Endpunkt haben wird. Und es ist eine Reise, die nicht ein Mitarbeiter alleine machen kann. Es braucht die Überzeugung der Geschäftsführung und die Bereitschaft des Managements, um den Weg erfolgreich zu beschreiten.

Lela
Todo

Chaos versus Struktur

Je nach Persönlichkeit, Erfahrungen und gelernten Methoden nähern wir uns neuen Herausforderungen entweder sehr strukturell-rational oder eher chaotisch-emotional. Zwei Pole, die in unterschiedlicher Ausprägung in jedem von uns zu finden sind. Zwei Pole, die für die Entwicklung und Umsetzung von erfolgreichen Innovationen von gleich grosser Bedeutung sind. Meist ist der emotionale Pol in der Ideenentwicklung wichtiger, und später, in der Umsetzung, dominiert der rationale Pol.

Ich selbst habe jahrzehntelang über grosse Zeiträume den einen und dann den anderen Pol überbetont. Bis ich erkannt habe, dass Chaos Struktur braucht und Struktur Chaos. Wir müssen lernen, dieses Spannungsfeld kreativ zu nutzen, statt zu bekämpfen. Um mir dies besser verdeutlich zu können, habe ich den beiden Polen zwei Fantasiefiguren mit unterschiedlichen Charakter- und Wesenszügen zugeordnet. Der strukturierte Kobold Todo und seine chaotisch, frei denkende Schwester Lela. Sie werden dir in diesem Buch immer wieder über den Weg laufen. Lela, die chaotische Erfinderin, und Todo, der strukturierte Planer. Nur wenn beide zusammenarbeiten, kann echte Innovation entstehen und umgesetzt werden. Mir hilft diese Personifizierung immer wieder, zu erkennen, welche Ausprägung gerade vorhanden ist oder welche es gerade bräuchte. Dies gilt sowohl für mich mit meinen Aufgaben als auch für die Zusammenstellung und die Arbeit in einem Team.

CHANGE
SEE THE SYSTEM
SYSTEM

Entdecke in diesem Buch das Geheimnis hinter erfolgreicher Innovation, das gar keines ist. Lies, warum Unternehmen nicht länger erfolgreich sein können, wenn sie die Kundenwünsche in der zweiten Reihe parkieren. Lass dich inspirieren von Praxisbeispielen voller Hindernisse und Fehler. Freu dich auf ein ehrliches Buch. Es lohnt sich.

Herzlich,
Christina

Eine kleine Fussnote: Um Irritationen zu vermeiden, noch zwei, drei Punkte vorab: Wenn wir über die Arbeitsweise und die Philosophie von Human Centered Design schreiben, kürzen wir das in diesem Buch nicht ab. Wenn wir HCD schreiben, dann meinen wir damit die Abteilung innerhalb der Swisscom Organisation. Auch die Methode Hear Create Deliver, die im Buch noch näher erläutert wird, schreiben wir immer aus. Ach ja. Und wenn ihr irgendwo den Ausdruck Design Thinking lest, meint dies das Gleiche wie für uns Human Centered Design.

KAPITEL 1

DIE INNOVATIONSKULTUR ALS ÜBERLEBENSSTRATEGIE

Es ist wohl niemandem verborgen geblieben, dass sich die Welt in den vergangenen Jahrzehnten rasant gewandelt hat. Veränderungen und Innovationen kommen in immer kürzeren Intervallen auf uns zu. Wenn wir den Geschichtsbüchern trauen können, wurde die Töpferscheibe, mit der sich runde Gefässe fertigen lassen, vor rund 6500 Jahren entwickelt. Allerdings brauchte es ein weiteres Jahrtausend, bis sich die Idee durchsetzte, runde Gegenstände als Rad zu nutzen und Lasten so mithilfe von Kutsche oder Karren zu befördern. Weitere 5000 Jahre sollten vergehen, bis im Jahr 1712 mit der Erfindung der Dampfmaschine von Thomas Newcomen die Industrialisierung ihren Siegeszug startete. Und als 1876 Alexander Graham Bell schliesslich sein Patent eines Telefons anmeldete, setzte er damit einen wichtigen Grundstein für den Austausch von Informationen. Mit der Erfindung des Automobils und mit Produktionen am Fliessband nahmen neue Entwicklungen dann rasant Fahrt auf, die unser Leben nachhaltig verändern sollten. Doch all das war nichts im Vergleich zur Geschwindig-

vor 6'500 Jahren
+ 1 Jahrtausend
Töpferscheibe
Rad
1712
Industrialisierung
"Bell"
1876
Digitalisierung
mobil
& individuell
alte Arbeits-kultur
Innovationskultur

keit, mit der heute aufgrund von Digitalisierung und Globalisierung Innovationen auf den Markt kommen, die unsere Gesellschaft beeinflussen.

Sowohl die Digitalisierung als auch die Globalisierung haben starke Einflüsse auf jede Branche und jedes Unternehmen. Das heisst natürlich nicht, dass alle Menschen mit diesen Einflüssen gut umgehen können, und schon gar nicht, dass sie diese zu ihrem Nutzen einsetzen. Die Digitalisierung hat unsere Gesellschaft in ihrem Verhalten nachhaltig verändert und wird dies auch weiterhin tun. Wir sind um ein Vielfaches mobiler und vernetzter als vorherige Generationen und haben einen starken Drang zur Individualisierung. Dies hat entscheidende Auswirkungen auf unser Kaufverhalten.

Aber auch die Produktentwicklungs- und Produktionsprozesse haben sich durch die Digitalisierung verändert. Wie sollten sich Unternehmen also aufstellen, um die Chancen dieser Entwicklungen für sich zu erkennen und sie zu nutzen? Nur die Änderung der Unternehmensstrategie allein, egal wie simpel oder komplex sie am Ende auch sein mag, wird keine Transformation einleiten. Sind wir in alten Mustern gefangen und sträuben uns gegen Veränderung, kann eine von aussen aufgedrückte Strategie noch so grandios sein, die Mitarbeitenden werden ihre Gewohnheiten nicht ändern. ***Letztlich sichert vor allem die Art, wie wir arbeiten, und die Einstellung, mit der wir neue Projekte angehen, unser künftiges Geschäft.*** Und dafür muss sich die alte Arbeitskultur zu einer neuen Innovationskultur entwickeln, in der sich alle Handlungen auf den Mehrwert für unsere Kunden kon-

culture
EATS
STRATEGY
FOR
breakfast

zentrieren und iterativ vorgegangen wird. Um es auf das Gleichnis mit den beiden Kobolden zu bringen, gilt es hier, der frei denkenden Lela besonders viel Raum zu geben. Wobei es auch den strukturierten Kobold Todo braucht, der für das Gedeihen einer Innovationskultur die richtigen Rahmenbedingungen und Messkriterien schaffen kann. Aber natürlich kann man es auch mit anderen Worten auf den Punkt bringen: «Culture eats strategy for breakfast!»

Innovationskultur gestalten

Wenn die Innovationskraft in einem Unternehmen gestärkt werden soll, setzt man in der Regel auf herkömmliche Managementmethoden. Ein sehr beliebtes Vorgehen ist das Erstellen einer Innovationsroadmap. Dann werden entlang dieser Roadmap fleissig und nach bestem Wissen und Gewissen vermeintliche Innovationen erdacht, entwickelt und ausgerollt. Natürlich wird den Mitarbeitenden der Prozess oft mechanistisch erklärt, wie Produkte in ihrem Unternehmen ausgewählt, entwickelt und angetrieben werden. Aber funktionieren Innovationen wirklich so wie betriebswirtschaftliche Funktionsbereiche, so wie Controlling oder Engineering? Lässt sich alles penibel planen? Wissen wir immer im Voraus, welche Innovationen entstehen und welche Lösungen am Ende wirklich am Markt und beim Kunden erfolgreich sind? ***Die Schlüsselfrage lautet: Lassen sich kreative Lösungen befehlen?*** Wohl kaum. Innovationen sind keine zu hundert Prozent vorhersehbaren Ergebnisse. Betrachten wir nur schon, was alles mit Innovation betitelt wird, lohnt es sich, zu reflektieren, wann wir von Innovation sprechen. Innovation ist eine Neuerung

3 Faktoren sind erfolgskritisch

Innovative Unternehmen tun drei Dinge sehr gut:

- Sie zeigen ein tiefes und ganzheitliches Verständnis für ihre Kunden und deren Bedürfnisse
- Sie bieten unverwechselbare Angebote und Erlebnisse, die genau diese Bedürfnisse befriedigen
- Sie orchestrieren ihre Unternehmensaktivitäten so, dass alle Ressourcen wirkungsvoll eingesetzt werden; Wettbewerbsvorteil durch unkopierbare Innovationskultur

Quelle: Meehan, Mary, 2014

oder Erfindung, die erfolgreich am Markt ist. Sie beinhaltet also immer auch die Umsetzung und die Interaktion mit dem Kunden. Deswegen reichen rein technische Neuerungen, die den Menschen unberücksichtigt lassen, nicht mehr aus, um erfolgreich zu sein.

Damit Neues entstehen kann, braucht es eine menschenzentrierte Innovationskultur. Diese Kultur ist Voraussetzung, damit Mitarbeitende gemeinsam und intensiv an überzeugenden Lösungen arbeiten. Es braucht dabei den systemischen Blick auf alle wichtigen Triebfedern eines Unternehmens. Alle Elemente – von den Räumlichkeiten bis hin zur Strategie – müssen ausbalanciert und miteinander verknüpft sein. Jedes Unternehmen steht vor der Herausforderung, für sich eine individuelle Innovationskultur zu entwickeln, die nur schwer kopierbar und auf andere Unternehmen übertragbar ist.

Ausgerüstet für den Weg

Mit der Einführung einer menschenzentrierten Innovationskultur schaffen wir eine solide Basis für eine zukunftsorientierte Unternehmens- und Produktstrategie. Um aber nachhaltig erfolgreich am Markt zu agieren, brauchen wir Mitarbeiter und Kunden, die von unseren Produkten begeistert sind. Kunden, die relevante Erlebnisse mit unseren Dienstleistungen, unserer Marke und unserem Unternehmen verbinden. Doch dazu in späteren Kapiteln etwas mehr. Nur so viel vorweg: Um die richtigen Angebote zu entwickeln und diese erfolgreich am Markt zu platzieren, bedarf es zusätzlicher Elemente, die wichtige Bausteine für den Erfolg bilden. Vielleicht lässt sich

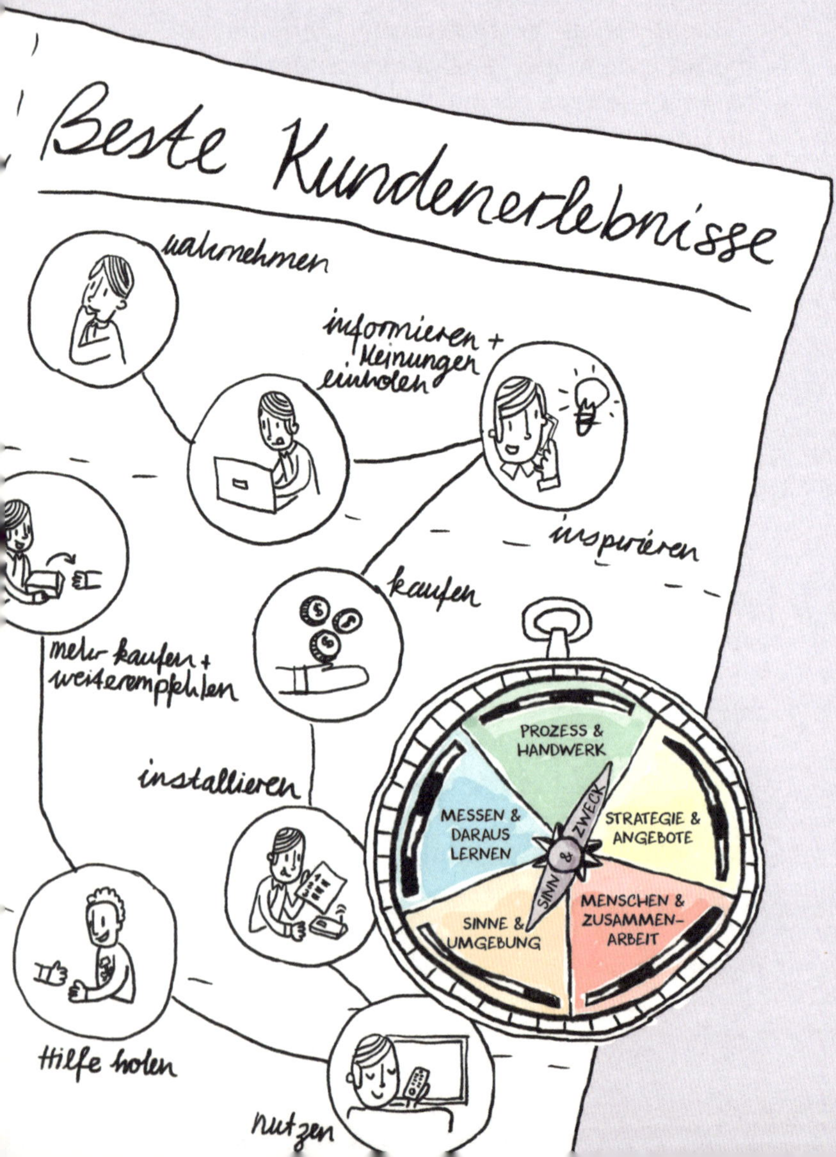
Beste Kundenerlebnisse
wahrnehmen
informieren + Meinungen einholen
inspirieren
kaufen
mehr kaufen + weiterempfehlen
installieren
Hilfe holen
nutzen
PROZESS & HANDWERK
STRATEGIE & ANGEBOTE
MENSCHEN & ZUSAMMEN-ARBEIT
SINNE & UMGEBUNG
MESSEN & DARAUS LERNEN
SINN & ZWECK

dies am anschaulichsten mit dem Bild eines Entdeckers beschreiben, der sich auf den Weg macht, die ultimative Kundenbindung zu finden. Also, welche Erlebnisse machen Kunden zu Fans? In Etappen gestaltet der Entdecker immer wieder neue Kundenerlebnisse, die ihm helfen, seinem Ziel näherzukommen. ***Auf seiner abenteuerlichen Reise hilft ihm ein einfacher Kompass, dessen Nadel ihn unterstützt, Sinn und Zweck, das Kundenerlebnis, nicht aus den Augen zu verlieren, und die dabei die notwendige Richtung oder die anstehende Priorität anzeigt.*** Der Kompass selber hat fünf Felder, die dem Entdecker Orientierung geben: Prozess und Handwerk, Strategie und Angebote, Menschen und Zusammenarbeit, Sinne und Umgebung sowie Messen und daraus lernen. In den folgenden Kapiteln werden wir jedes dieser fünf Felder näher ausführen.

KAPITEL 2

PROZESS UND HANDWERK

Wer sich auf den Weg macht, eine Innovationskultur zu etablieren und damit seine Angebote disruptiv zu hinterfragen oder deutlich zu optimieren, kommt an definierten Prozessen und letztlich an einer Art Handwerk nicht vorbei. Dabei ist es besonders wichtig, eine verbindliche gemeinsame Arbeitsweise zu definieren. Da uns eine bestimmte Methodik oder Vorgehensweise bei jedem unserer fünf Kompassfelder – und damit bei jedem Schwerpunktthema – begleiten wird, möchten wir diese zu Beginn erläutern.

Hear Create Deliver

Am Anfang eines Vorhabens stehen naturgemäss viele Fragen. Wie geht man vor, wenn man eine neue bahnbrechende Innovation braucht? Reicht vielleicht ein Brainstorming? Was sind die richtigen Prozessschritte? Fragen über Fragen. ***Dabei müssen wir am Anfang eine wichtige Unterscheidung in drei Bereichen treffen: zwischen unserer Haltung, unserem Vorgehen und unseren Werkzeugen.*** Grundsätzlich braucht es Neugier, eine optimistische, offene und pragmatische Haltung. Ohne den Willen, es anders und einfacher zu

FAIL
EARLY.
FAIL
fast.
FAIL
CHEAP.

machen, kommen wir nicht voran. Erst mit der richtigen Haltung kommt der nächste Schritt, das Vorgehen. Es gibt zahlreiche Modelle, die je nach Denkschule das richtige Vorgehen versprechen. Gerade Hochschulen und Agenturen haben sich auf eigene Vorgehensmodelle spezialisiert, die mit den richtigen Beispielen überzeugen sollen. Dabei lässt sich eine gleiche Grundstruktur erkennen, die allen Modellen zugrunde liegt: Vorbereiten und Eintauchen (Hear) – Verstehen und Gestalten (Create) – Testen und Lernen (Deliver). ***In diesen drei einfachen Schritten und in deren bewusster Wiederholung liegt die ganze Wirksamkeit von menschenzentrierter Innovation.*** An erster Stelle steht das Zuhören und Beobachten, um die Ausgangslage und vor allem die Kunden wirklich zu verstehen. Und das nicht nur auf rationaler, sondern auch auf emotionaler Ebene.

Die Phase Hear ist entscheidend, und je tiefer unser Verständnis von den Wünschen, Sehnsüchten und Bedürfnissen unserer Kunden ist, desto besser können wir gestalten, was der Kunde idealerweise erleben soll. In der folgenden Phase Create geht es um die Entwicklung von neuen Ideen und deren Auswahl. Sobald wir den erfolgversprechendsten Ansatz herausgefiltert haben, können wir mit der Phase Deliver beginnen und eine erste Umsetzung unserer Idee in Form eines Prototyps starten.

Mit dem Prototyp in der Hand fängt der Prozess wieder von vorn an. Der Unterschied: Wir haben jetzt dank unserer ersten Umsetzung etwas in der Hand, worauf wir die Phase Hear sehr konkret wiederholen können. So verbessern wir den Prototyp immer weiter.

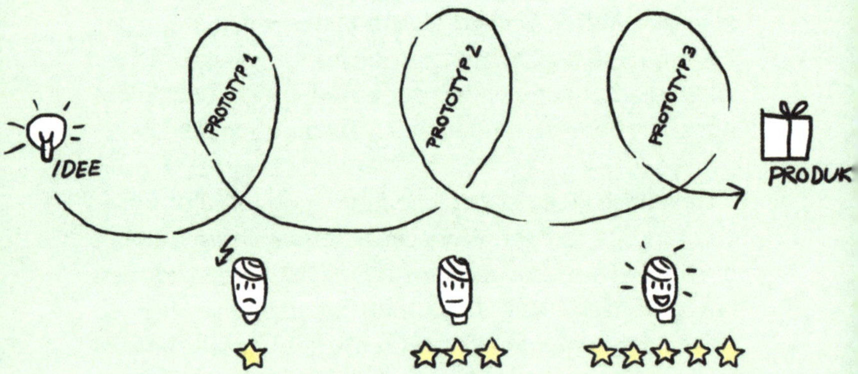
IDEE
PROTOTYP 1
PROTOTYP 2
PROTOTYP 3
PRODUK

In iterativen Schlaufen durchlaufen wir immer wieder Hear Create Deliver, bis wir schliesslich ein marktfähiges Angebot in der Hand halten.

Methoden und Werkzeuge gibt es wie Sand am Meer. Die erfahrenen Anwender wählen je nach Auftrag individuell eine passende Kombination, um Hear Create Deliver umzusetzen. Wer Werkzeuge ohne die passende Haltung und ein iteratives Vorgehen einsetzt, wird Schiffbruch erleiden. Gerade der Kontext macht beim Design Thinking die Anwendung der Methoden und Werkzeuge erfolgreich. Deswegen gilt es, immer wieder Hear Create Deliver anzuwenden. So ist bei uns Human Centered Design – oder eben HCD – auch sprachlich untrennbar mit Hear Create Deliver verbunden.

Prototyping

Ein schnelles Lernen innerhalb einer Organisation wird in Zukunft ein wesentlicher Wettbewerbsvorteil sein. Aber wie kommen wir dazu? Durch Ausprobieren, Fehler machen und aus den Fehlern die richtigen Schlüsse ziehen und Chancen begreifen. Und dies nicht nur im eigenen Team. ***Dieses Prinzip von «Trial and Error» nennen wir Prototyping. Es ist eine Art, mit den Händen zu denken.*** Unsere Ideen in eine physische Form zu bringen, um sie so konkreter und intensiver prüfen zu können. Sehr wahrscheinlich ist keine Dienstleistung, keine Erfindung der Menschheitsgeschichte ohne Prototyping entstanden. Thomas Edison sagte vor seinem Durchbruch bei der Erfindung der Glühbirne: «Ich kenne jetzt 10 000 Wege, wie man keine Glühbirne herstellt.»

Zima
Geschlecht
Alter
Sprache
Region
26-34
35-54
55-70

Ideen müssen reifen. Dazu brauchen wir Rahmenbedingungen, in denen wir mit ihnen spielen, sie immer wieder für alle Anwendungsfelder testen und prüfen können. Und doch scheinen einige Produktmanager davon überzeugt, dass es in der heutigen Zeit nur einen Wurf braucht, und setzen auf die erstbeste, oft rein technologisch getriebene, Idee, um das perfekte Produkt in den Händen zu halten. Egal, ob eine Software, der Kundenservice oder eine neue Applikation: Alles kann als Prototyp entworfen und getestet werden. ***Letztlich ist Prototyping sogar der schnellste Weg zum Ziel.*** Anstatt lange Konzepte zu schreiben, die in eine falsche Richtung gehen, ist es meist viel schneller, die Idee sofort in eine konkrete Form zu bringen, zu testen, zu lernen und auf dem Gelernten weiter aufzubauen. Dabei zerbricht oft die «beste» Idee an der Realität; je früher dies geschieht, desto schneller kann unsere Energie in eine mutige wie auch machbare Weiterentwicklung fliessen.

Der Erkenntnisprozess führt in iterativen Schritten sehr schnell zu einer immer besseren Lösung. Oder – und auch das ist eine wichtige Erkenntnis – wir stellen den Versuch ein, die Idee, das Produkt auf den Markt zu bringen. Denn auch ein ungewollter «check against negative» wird dem Unternehmen viel Geld sparen.

Zwei Sprichwörter verdeutlichen die Idee hinter dem Prototyping sehr gut. Zum einen «Fail early. Fail fast. Fail cheap.» Je schneller wir im Prozess des Prototypings herausfinden, was und was nicht markttauglich ist, desto günstiger ist es für die Produktentwicklung, und desto mehr Zeit hat sie für die

Never fall in love with your prototype!

Erarbeitung anderer Ideen. Das zweite Sprichwort lautet «Love it, change it, leave it». Der Regelfall ist «Leave it» oder «Change it», bis der Prototyp zum «Love it» wird. Man braucht stets eine kritische Distanz zu seinem Prototyp, um ihn immer wieder zu verbessern. Eigentlich sollte das Ziel eines Prototyps sogar dessen Zerstörung sein, um zu lernen, wie unser Vorhaben widerstandsfähig wird. Verliebte verlieren schnell die Kritikfähigkeit und verteidigen durch eine rosa Brille die geliebte Person. Bei der Produktentwicklung kann dies weitreichende Folgen haben. Und das nicht nur zum eigenen, sondern vor allem zum Leidwesen des Kunden. Daher lohnt es sich, die rosa Brille abzusetzen, nicht aber die Vision aus den Augen zu verlieren. Auch für Designer, Manager und Ingenieure. Oder vielleicht vor allem für Manager und Ingenieure. Die Versuchung ist gross ein perfektes Konzept bis ins letzte Detail durchzudenken und es dann genau so umzusetzen, ohne frühzeitig zu testen, ob es Kunden kaufen würden. Welche Folge dies hat, sehen wir an den vielen unnützen und erfolglosen Produkten am Markt.

AUS DER PRAXIS

WIE GUT IST MEINE IDEE WIRKLICH: VIRALE COMMUNITY TESTET PROTOYPEN

Um Marktforschung und Usability-Tests kümmern sich Experten. Meist dann, wenn es in der Produktentwicklung schon zu spät ist, um mit wenig Aufwand viel zu verändern. Warum testet man nicht schon früher, wie gut eine Idee ist? Genau das haben sich drei Mitarbeitende von Human Centered Design bei Swisscom gefragt und in Eigenregie das Projekt Looping gestartet. Das Ergebnis: ein selbst entwickeltes onlinebasiertes Feedback-Tool, das einfach und in kurzer Zeit verschiedene Meinungen zu Prototypen einholt. Grundlage ist Hear Create Deliver. Aus dem internen Projekt hat sich in weniger als einem Jahr ein Business Case entwickelt: Looping wird heute auch anderen Unternehmen angeboten.

Das ist Looping

Das Feedback-Tool ermöglicht es Mitarbeitenden, einen Prototyp schnell und einfach Kollegen zu zeigen und von ihnen wertvolles Feedback zu erhalten. Dazu wird der Prototyp auf eine Online-Plattform hochgeladen. Um den Rest kümmert sich Looping: die Umfrage erstellen und verschicken, Feedback sammeln und innert weniger Tage die Auswertung liefern. Für die Nutzer bedeutet das: keine Mails, kein Aufwand, keine Meetings. Looping ersetzt nicht Marktforschung und Usability-Tests, ist aber ein erster Indikator, ob man mit seiner Idee auf dem richtigen Weg ist.

Mögliche Feedbackgeber

- Die ganze Community (bei Swisscom rund 1500 Mitarbeitende).
- Ausgewählte Touchpoint-Mitarbeitende (z.B. das eigene Team).
- Experten aus einem bestimmten Gebiet (z.B. Designer, Techniker, Kommunikationsspezialisten oder Verkaufspersonal).

Looping eignet sich für Prototypen, die in den frühen Phasen der Angebotsentwicklung entstehen.

So funktioniert Looping

Looping ist ein visuelles Feedback-Tool. Sobald eine Idee visuell vermittelt werden kann, ist sie bereit für den Looping-Test. Auf den meisten Plattformen für Innovationsmanagement müssen Ideen schriftlich eingegeben werden. In der Praxis entscheiden Kunden aber innerhalb von wenigen Sekunden, ob sie etwas interessiert oder langweilt. Darauf baut Looping auf, denn es fragt Bilder ab und ist intuitiv nutzbar. Eine Testperson schaut sich den Prototyp wenige Sekunden an und klickt auf «Feedback geben». Natürlich muss im nächsten Schritt jeder Test interpretiert werden. Die Testpersonen geben eine numerische Bewertung ab, welche Variante ihnen besser gefällt, und dann rotes (negatives) oder grünes (positives) Feedback zu jeder Variante. Am Schluss fassen sie als Fazit zusammen: «Love it, change it or leave it».

Drei Mitarbeitende von Human Centered Design bei Swisscom haben Looping geschaffen:

Renato Sutter, Marc Steffen und Michael Baeriswyl, Human Centered Design, Swisscom (Schweiz) AG

MICHAEL BERICHTET

Hear Create Deliver: Die drei Phasen

---

1. Hear

Darum geht's:

Wo drückt der Schuh? Wie können wir ein Problem für möglichst viele Menschen lösen?

Wie funktioniert Prototyping im Unternehmen, wie sehen die Prozesse aus? In unserer Analyse stellen wir fest, dass unterschiedliche Methoden angewendet werden. Die Abteilung HCD bei Swisscom hat einen transversalen Auftrag: Human Centered Design-Berater arbeiten in jedem Unternehmensbereich, und Prototyping ist Teil ihres Auftrags. Doch die Interpretation von Prototyping geschieht individuell, nicht einheitlich. Ausserdem versteckt sich der reiche Erfahrungsschatz in den Köpfen der Human Centered Design-Berater und ist nirgendwo aufgeschrieben. Viele Swisscom Mitarbeitende verzichten auf Prototypen, weil der Prozess kompliziert und undurchsichtig ist. Man muss einen verfügbaren HCD-Mitarbeitenden finden, einen Prototyp per E-Mail verschicken und warten oder eine Agentur beauftragen. Marc, Renato und ich finden, dass diese Hürden wegfallen müssen. Einen Auftrag haben wir nicht. Aber es ist definitiv an der Zeit für etwas Neues! Wir arbeiten intensiv mit 60 HCD-Mitarbeitenden zusammen, saugen ihr Wissen ab und giessen es in eine Form. Hierzu arbeiten wir auch mit Papierprototypen, die wir als Diskussionsgrundlage nutzen, um die grosse Idee immer wieder aufs Neue zu schärfen.

2. Create

Darum geht's:
Das Management überzeugen, es auszuprobieren – selbst entwickeln, nicht nur beraten.

In der jährlich stattfindenden Swisscom Innovation Week bauen wir zu dritt in vier Tagen den ersten rudimentären Prototyp von Looping. Unser klickbares Konzept ist nicht schön, vermittelt aber eine Idee, was möglich ist. Diesen Prototyp stellen wir anschliessend intern verschiedenen Stellen vor und erhalten Budget, um das onlinebasierte Feedback-Tool umzusetzen. Dafür holen wir einen externen Entwickler ins Team. Das HCD-Team selbst zeigt sich kritisch, denn bisher arbeiten wir alle als Berater. Tools und Software haben wir noch nicht entwickelt und gebaut. Den zweiten Prototyp – eine funktionierende Softwarelösung – testen dann die Swisscom Mitarbeitenden. Da Looping auf eine virale Community setzt, die in der Freizeit Feedback gibt, geht es im ersten Schritt darum, das Tool bekannt zu machen. Wir kidnappen einen grossen internen Anlass und präsentieren statt eines anderen, geplanten Vortrags zum Thema Prototyping einfach Looping. Mit Erfolg: Die ersten 100 Testpersonen sind gewonnen. Nur zwei Monate später zählt Looping schon 500 Nutzer – das Bedürfnis ist da! In der Testphase laden die Mitarbeitenden Projekte hoch und geben immer wieder Feedback – typisch für die Create-Phase. Einige Beispiele:

- Der Prototyp kann nicht per Handy genutzt werden – aber genau das wünschen sich die Testpersonen.
- Anfangs können nur zwei bis drei Varianten abge-

AUS DER PRAXIS

fragt werden – aber die Testpersonen wollen auch Storyboards testen.

- Es gibt noch kein intelligentes Verteilsystem – aber die Mitarbeitenden wollen nicht täglich eine Einladung zum Testen bekommen.

Wir arbeiten diese Feedbacks laufend ein und verbessern das Tool. Der zweite Prototyp und der interne Erfolg überzeugen auch das Management, das uns schliesslich die Möglichkeit gibt, Looping als professionelle Plattform zu entwickeln. Also holen wir zwei weitere externe Entwickler ins Team, welche die Lösung innerhalb von drei Monaten fertigstellen. Im Februar 2015 geht Looping live und schlägt ein: Heute zählen wir rund 1500 Testpersonen, die in neun Monaten 15 000 freiwillige Feedbacks gegeben haben! Jeden zweiten Tag wird ein Prototyp hochgeladen. Die Nutzer werden zweimal pro Monat zu einem Test eingeladen. Sehr spannend: Die Qualität der hochgeladenen Prototypen verbessert sich laufend!

3. Deliver

Darum geht's:
Das wendige Schnellboot Looping durch den riesigen Tanker Swisscom jagen

Die Swisscom Mitarbeitenden sind begeistert vom Tool und erzählen in ihrem privaten Umfeld davon. Es folgen Anfragen von anderen Grossunternehmen, die Interesse haben, Looping zu kaufen. Darauf sind wir nicht vorbereitet! Die Frage nach der Ausrichtung von HCD taucht auf: Soll die Abteilung weiterhin klassische Beratung anbieten oder auch Produkte bauen? Nach

Mit vielen qualitativen Feedbacks zum Erfolg

Schnelle Reduktion nicht wertstiftender Projektideen

Quelle: Swisscom AG, 2015 (Looping.ch)

AUS DER PRAXIS

einer Pitch-Präsentation in der Geschäftsleitung, in der wir aufzeigen, wie viel die Entwicklung kostet, und was sie bringen kann, entscheidet man sich dafür, Looping auf dem Markt anzubieten. Es werden Ressourcen gesprochen, um bei HCD ein Team «Prototyping and Testing» aufzubauen. Der Schritt vom internen Projekt zum marktorientierten Start-up birgt neue Herausforderungen. Looping soll eine komplette Eigenentwicklung sein. Wir rekrutieren also Designer, Entwickler, einen technischen Leiter. Aus drei Personen werden in kurzer Zeit zwanzig, verteilt in verschiedenen Abteilungen, quer durch den Konzern. Wir sind gut vernetzt und lose integriert innerhalb von Swisscom. Eine grosse Herausforderung ist die Mentalität: Auf der einen Seite sind wir Teil eines Telekommunikationsunternehmens mit komplexen IT-Prozessen sowie hierarchischer Denkweise, auf der anderen Seite arbeiten wir, wie in der Start-up-Szene üblich, mit Open Source Software. Der Kundenservice von Looping findet online statt und nicht klassisch über die Swisscom Hotline. Auch der Bestellprozess läuft online und ohne Kundenbetreuer, die üblicherweise Geschäftskunden begleiten. Schnell wird klar: Damit Looping auf den Markt kommen kann, ist das ganze Unternehmen gefragt, umzudenken und offen zu sein. Unsere komfortable Situation: Als Looping im Januar 2016 auf den Markt kommt, warten Kunden schon auf diesen Moment.

AUS DER PRAXIS

KAPITEL 3

STRATEGIE UND ANGEBOTE

Wenn wir uns nun darüber einig sind, dass die Innovationskultur heute für Unternehmen ein wichtiger Erfolgsfaktor ist, haben wir die Basis für eine gemeinsame Reise geschaffen. Natürlich kommt kein Unternehmen ohne Strategie und solides Angebotsportfolio weiter. Aber wie nähern wir uns einer Strategie? Und welche Angebote können erfolgversprechend auf den Markt gebracht und dem Kunden nahegebracht werden? Auch dafür müssen wir umdenken und den Kunden, den Menschen, ins Zentrum unserer Überlegungen stellen.

In der Vergangenheit haben vor allem zwei Treiber die Unternehmensstrategie und das Angebotsportfolio geprägt: die Technologie und der Umsatz. Doch erkennen wir den Menschen als wichtigsten Treiber, stellen sich uns ganz andere Fragen. Was ist ihm wichtig? Wie können wir eine stabile emotionale Bindung etablieren? Welchen Beitrag können wir leisten, um seine Bedürfnisse zu decken? Finden wir hier die richtigen Antworten und setzen unsere Technologien effizient ein, wird ein höherer Umsatz und eine profitable und langfristige Kundenbindung die zwangsläufige Folge sein.

WHY?
HOW?
WHAT?
HOW?
WHAT?
HOW?
WHAT?
HOW?
WHAT?
HOW?
∞
WHAT?

Storydoing

Es gibt eine Methode, die wir als Menschen seit Urzeiten ganz natürlich bis in die heutige Zeit praktizieren. In früheren Jahrtausenden, als weder Smartphones, Notizbücher, ja nicht einmal handliche Schriftrollen zu den Alltagsgegenständen gezählt wurden, gaben sich die Menschen wichtige Informationen in Form von Geschichten weiter. Lernfähig und effizient wie das menschliche Gehirn ist, hat es sich auf Geschichten als ideale Speicherform von Botschaften eingestellt. Emotionen und unsere Sinne spielen in Geschichten eine wichtige Rolle als Begleiter von baren Fakten und Zahlen.

Menschen erzählen und hören unglaublich gern Geschichten. Und dies gilt, seit unsere Vorfahren am Lagerfeuer sassen, und ist auch in der heutigen Zeit nicht anders, in der wir vor dem TV-Flatscreen sitzen. Allerdings scheinen Geschichten in der modernen Betriebswirtschaft keine ernsthafte Verwendung zu finden. Unternehmensstrategen legen auf Geschichten meist keinen besonderen Wert. Aber warum nicht?

Beim Storydoing soll dem Unternehmen bewusst werden, welche Geschichten es seinen Kunden am besten erzählt. Und es geht noch einen Schritt weiter: Das Unternehmen muss verstehen, welche Geschichten seine Kunden hören wollen. Denken wir einmal kurz an die Entwicklung und die weitere Reise des iPhones. Die Apple-Kunden haben eine besondere Beziehung zu diesem Produkt und pflegen eine Erwartungshaltung oder hegen eine Hoffnung, was das nächste Modell alles bieten wird. Sie warten also auf

ES IST NICHT AUFGABE DES KUNDEN ZU WISSEN, WAS ER WILL.

das nächste Kapitel der Geschichte iPhone. Kunden erwarten eine Fortsetzung und entwickeln diese auch in ihrem Herzen. Das ist nicht zu verwechseln mit dem Aufbau einer Marke, die mit bestimmten Werten und Botschaften verknüpft wird. Bei Apple spekulieren Kunden bereits, bevor die Firmenzentrale ihre berühmten Ankündigungen macht, wann die Apple Watch oder Apple TV auf den Markt kommen. Genau darum geht es im Storydoing – es gilt herauszufinden, welche Geschichte die Kunden mit der Firma verbinden, und zu erkennen, wie die Fortsetzung aussehen kann.

Storydoing ist die Strategie einer Firma, aus Sicht der Kunden erzählt. Und jede Firma muss sich fragen, welche Geschichte sie ihren Kunden von sich erzählt – und vor allem, welche Geschichte die Kunden über die Firma erzählen sollen. Dies lässt sich herausfinden, und es lässt sich sogar ein Unternehmen mit allen Abteilungen nach dieser Erkenntnis ausrichten. Geschichten stellen die emotionale Bindung dar zwischen den Kunden, den Produkten und dem Unternehmen. Wobei sie immer wieder aufs Neue durch positive Erlebnisse des Kunden mit den Produkten oder dem Unternehmen gestärkt werden müssen. Und damit sind wir wieder beim Bild unseres Entdeckers aus dem ersten Kapitel. Unser Ziel sind also viele positive Erlebnisse für den Kunden.

Erlebnisse gestalten

Kann man Erlebnisse gestalten? Die wahrscheinliche Antwort wäre wohl nein. Erlebnisse sind besondere Momente, die mehr oder weniger zufällig stattfinden. Demnach würde fast jeder Mensch die Frage aus dem persönlichen Kontext heraus verneinen. Und doch geht

Kunden-
wahrnehmen
informieren
bestellen
installieren
nutzen
erlebnis-
bezahlen
fragen
erweitern
kette

es. Sogar in einem geschäftlichen Umfeld. ***Man kann zwischen zwei Arten von Firmen unterscheiden: Firmen, die keine Kundenerlebnisse gestalten, und Firmen, die bewusst Kundenerlebnisse gestalten.*** Kunden «erleben» immer etwas im Kontakt mit einer Firma. Demnach kann ein Unternehmen also ein Kundenerlebnis gar nicht verhindern. ***Viele Unternehmen tun sich allerdings schwer damit, weil die funktionalen Bereiche, nach denen sie organisiert sind, diametral dem Kundenerlebnis entgegenstehen.*** Eine Abteilung kommuniziert, eine andere Abteilung verkauft und wieder eine andere kümmert sich um Reklamationen. Dem Kunden aber ist die interne Organisation völlig egal. Er durchläuft das Erlebnis quer zur Organisation, und seine Eindrücke können sehr unterschiedlich sein. Es braucht dazu eine Silosprengermentalität und das Verständnis für den Kunden, der sich für das Produkt auf eine Reise begibt, die bei der Informationssuche beginnt und beim Bezahlen oder dem Customer Support endet.

Wenn wir Dinge optimieren oder radikal erneuern wollen, braucht es Wissen und Erfahrung, wie sich bestimmte Situationen auf das Erlebnis des Kunden auswirken. Es ist wichtig, damit anzufangen, das bestehende Erlebnis des Kunden zu verstehen. Und die Faktoren zu bestimmen, die es beeinflussen und prägen. Aus diesem Verständnis heraus gilt es, ein wie auch immer definiertes, zukünftiges Erlebnis anzustreben und sich in iterativen Schlaufen zu diesem Erlebnis hinzubewegen. So lassen sich am Ende selbst von grossen Firmen mit einer Vielzahl an Abteilungen und Kontaktpunkten grossartige Erlebnisse für den Kunden gestalten.

Temkin-Erlebnismessung: Bessere Kundenerlebnisse = loyalere Kunden

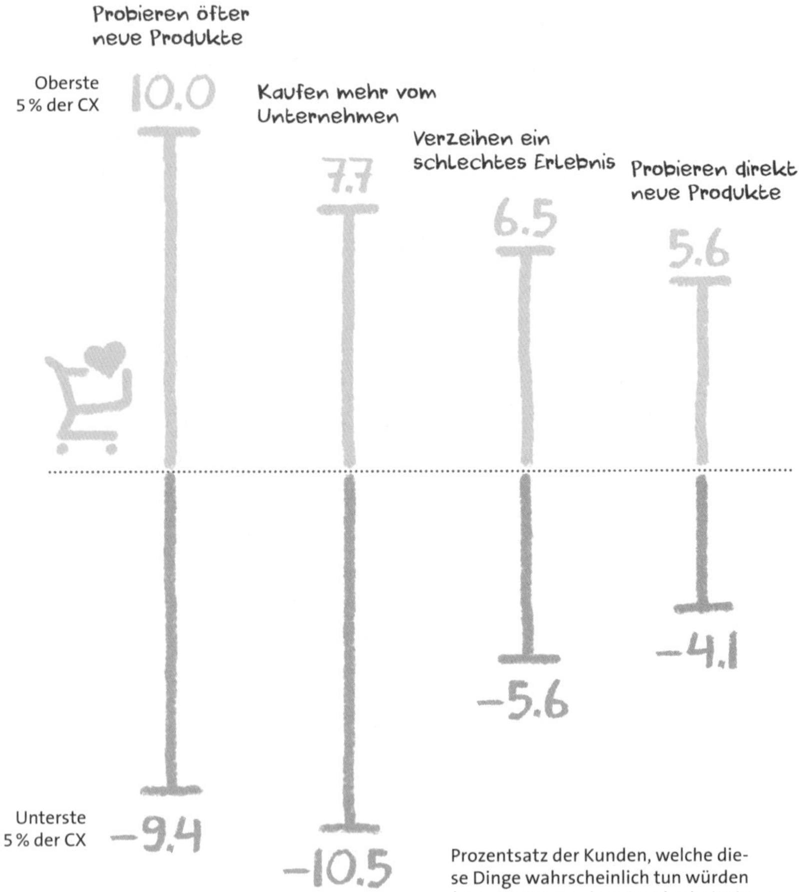

Prozentsatz der Kunden, welche diese Dinge wahrscheinlich tun würden (über und unter dem Durchschnitt in Prozentpunkten). Temkin-Erlebnismessungen verglichen mit Branchendurchschnitt.

Quelle: Temkin, Bruce, 2016

Erlebnisse validieren

Was allerdings ein gutes Erlebnis ist, liegt gänzlich im Auge des Betrachters. Ein Erlebnis ist ein sehr individuelles Empfinden. Dem einen Kunden gefällt der Service, einem anderen Kunden missfallen Aspekte des gleichen Service. Auch in einem Unternehmen kann die Diskussion darüber, was ein gutes Erlebnis tatsächlich ist, in ganz verschiedene Richtungen gehen. Und wahrscheinlich haben alle irgendwie recht. Es ist schwierig, objektive Kriterien zu finden und zu entwickeln, die das Superkundenerlebnis über alle Kundentypen gewährleisten, wenn sie erfüllt werden. Eine exakte, wissenschaftliche Quantifizierung eines emotionalen und funktionalen Erlebnisses ist geradezu unmöglich. Und trotzdem muss man sich damit beschäftigen und immer wieder kritisch hinterfragen, ob das beabsichtigte Kundenerlebnis dem tatsächlichen Erlebnis entspricht. Und genau das verstehen wir darunter, wenn wir davon sprechen, Kundenerlebnisse zu validieren.

Jede Beobachtung von Kunden und jedes Gespräch gibt Aufschluss, wie sie sich fühlen, was sie schätzen und was sie nutzen. ***Das Aufstellen von Kriterien und deren Messung ist sehr hilfreich.*** Es führt den Mitarbeitenden immer wieder vor Augen, was man erreichen und bewirken möchte. Mit der Zeit sammelt man Erfahrungen, welche Massnahmen das Kundenerlebnis in welcher Art und Weise beeinflussen. Dieses Wissen ist ein immenser Schatz, den ein Unternehmen immer wieder dafür nutzen kann, den Kontakt mit seinen Kunden zu steuern. Daher ist das Validieren von Erlebnissen nicht mehr aus dem Alltag einer erfolgreichen – und damit erlebnisorientierten – Firma wegzudenken.

AUS DER PRAXIS

«DER MARKT ERZÄHLT JETZT UNSERE STORY.»

Als im Jahr 2013 der neue Unternehmensbereich Swisscom Enterprise Customers entsteht, in den die 1000 Mitarbeitenden der Banking-Abteilung eingebunden werden, ist der Moment für Human Centered Design gekommen. Das Management von Swisscom will dem neuen Bereich intern und extern ein Gesicht geben und wünscht eine Pilotumsetzung des Storydoing-Ansatzes. Das ist neu. Denn in Europa hat man im Grosskundengeschäft bisher noch keine Erfahrung mit Human Centered Design gesammelt. Die Banking-Strategie steht auf starken Beinen, der Auftrag ans Banking-Team ist klar: Nehmt die Strategie, erklärt sie den Kollegen von HCD und leitet dann gemeinsam die Story ab. Ganz so einfach ist es dann aber doch nicht.

IM GESPRÄCH

Oliver Kutsch, Leiter Banking, Swisscom (Schweiz) AG

Was habt ihr euch von der Zusammenarbeit mit HCD versprochen?

Wir haben den Auftrag erhalten, zusammen mit HCD die Banking-Story zu entwickeln. Unsere Strategie sollte die Basis sein. Mehr haben wir nicht gewusst. Über das Vorgehen haben wir ab und zu gestaunt. Zuerst haben die Kollegen das Strategiepapier tatsächlich zerschnipselt und in das Human Centered Design-Framework geklebt. Das Ergebnis hat uns auf jeden Fall überzeugt. Innerhalb von wenigen Monaten haben wir nicht nur eine Story kreiert, sondern auch eine Roadmap erarbeitet und erste Deals abgeschlossen.

Und was hat euch die Zusammenarbeit ganz konkret gebracht?

Ich sehe zwei grosse Nutzen. Erstens hat uns HCD dabei geholfen, unsere Strategie verständlich aufzubereiten, sodass wir sie kommunizieren können. Zweitens haben wir dank HCD bemerkt, dass unsere

Kundenansprache zu einseitig ist – wir haben bis dahin mehrheitlich die IT-Ansprechpartner angesprochen – also die Chief IT und Chief Operation Officers (COO). Und bestimmte Themen und Botschaften interessieren den COO etwas weniger.

An welche Botschaften denkst du?

Jetzt muss ich etwas ausholen: Wir haben im für uns neuen Storydoing-Prozess mit HCD das Why, How und What für unsere Story festgelegt und daraus drei Kernversprechen abgeleitet, die heute unsere strategischen Stossrichtungen sind: Industrialisierung, Konvergenz und Digital Banking. Bei der Industrialisierung geht es darum, Auslagerungsmöglichkeiten für nicht differenzierende Prozesse zu schaffen. Bei der Konvergenz darum, dass wir ICT-Kompetenz und Banking-Knowhow in Lösungen für unsere Kunden kombinieren. Und beim Digital Banking unterstützen wir Banken in der Interaktion mit dem Endkunden. Für die ersten beiden Themen – Industrialisierung und Konvergenz – und beim Erschliessen neuer Geschäftsmodelle sind ein COO der richtige Ansprechpartner. Für Digital Banking allerdings nicht. Hier geht es um das Kerngeschäft und die Endkunden – unser Ansprechpartner sollte also der CEO, Vertriebschef oder Digital Officer sein.

Und vorher habt ihr alle Botschaften beim COO platziert?

Ganz genau. Neu gehen wir auch auf die Person an der Vertriebsfront zu; schliesslich helfen unsere Leistungen ihm oder ihr dabei, den Vertrieb über den digitalen Kanal zu etablieren. Diese differenzierte Zielgruppenbetrachtung hat HCD herausgekitzelt.

AUS DER PRAXIS

Wir haben auch bemerkt, dass wir für gewisse Themen den Verwaltungsrat eines Kunden einbinden müssen. Für sie ist die Botschaft entscheidend, dass Banking für Swisscom ein nachhaltiges Geschäftsfeld ist, das von Verwaltungsrat und Konzernleitung gestützt wird.

Und wie sieht eure Story konkret aus?

Ganz simpel. Denn wir haben sie als Bild visualisiert, das unsere drei strategischen Stossrichtungen zeigt und die Bank ins Zentrum stellt. Zuerst haben wir die Story als Text erarbeitet – das war schon gut. Aber uns hat eine Visualisierung gefehlt, dir wir Kunden präsentieren können. Vor Kurzem habe ich an einer Businesskonferenz 15 Minuten Zeit mit potenziellen Kunden gehabt – in so einer Situation lege ich einfach unser Bild in die Tischmitte und frage den Kunden, worüber er sprechen möchte. Diese Storyvisualisierung ist nun wesentlicher Bestandteil unserer Präsentationen – den Text ergänzen wir oft auf der Tonspur.

Grundidee beim Storydoing ist es, dass die Story sich verselbstständigen soll ...

... und genau das ist bei uns passiert. Geholfen hat dabei, dass wir die Story auch gleich an wichtigen Markterfolgen festmachen konnten: Mit der Zürcher Kantonalbank (ZKB) als Kunden haben wir gleich einen Anwendungsfall unserer Story im Bereich Industrialisierung gefunden. Die ZKB hat ihren Zahlungsverkehr ausgelagert. Auf diese News hat der Markt reagiert – er transportiert unsere Story jetzt nämlich weiter. Das heisst: Nicht wir erzählen die Story, sondern die Medien und Kunden selbst. Das ist für uns Storydoing.

AUS DER PRAXIS

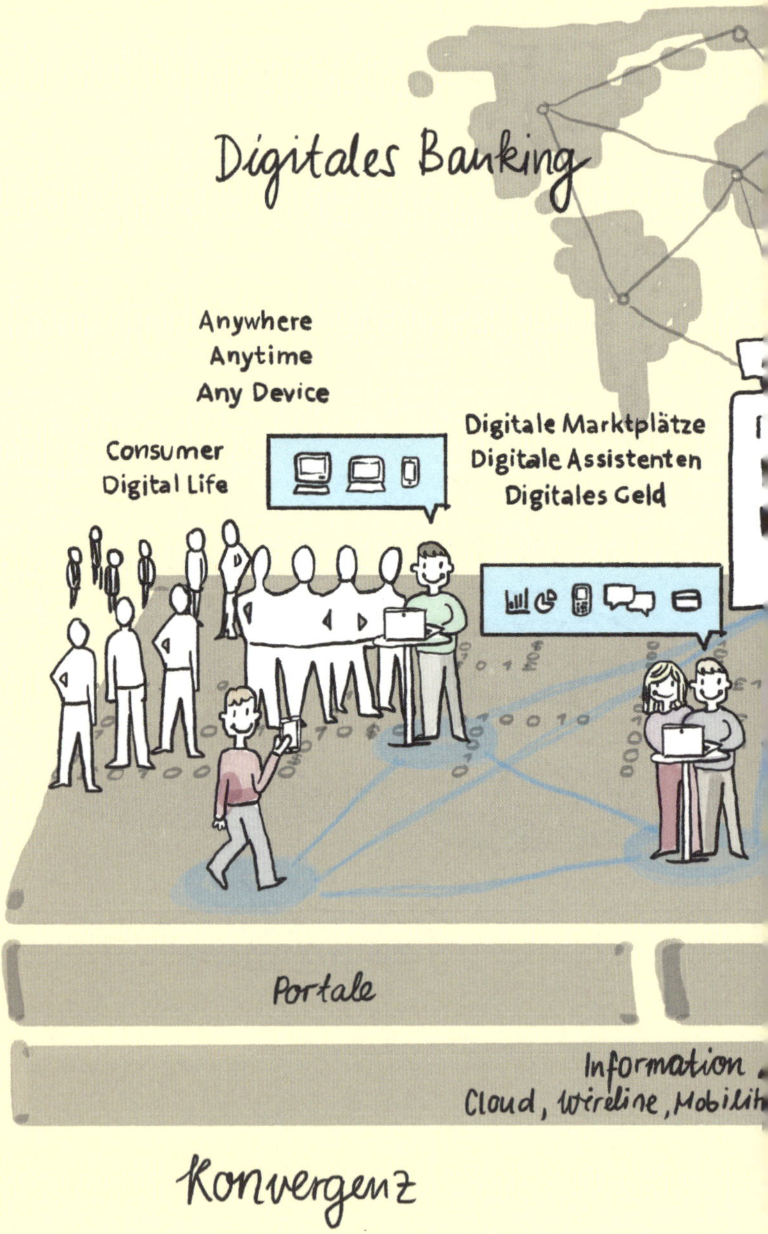
Digitales Banking
Anywhere
Anytime
Any Device
Consumer
Digital Life
Digitale Marktplätze
Digitale Assistenten
Digitales Geld
Portale
Information
Cloud, Wireline, Mobilit
Konvergenz

Industrialisierung
Business Services im
Verarbeitungscenter
Business-Plattform
Zahlen
Digitalisierung
Valorendatenmanagement
Anlegen
Finanzieren
Financial Messaging
Solutions + Plattformen
mmunication Technology
orkplace, Big Data, Identity

Wie haben eure Leute auf die Story reagiert?

Es gab natürlich Widerstand. Nicht jeder hat sich wohl gefühlt mit der Storyvisualisierung und dieser freien Art zu präsentieren. Und genau das ist grundlegend: In einer Kundenpräsentation muss man sich wohlfühlen! Also habe ich für einige Mitarbeitende einen Workshop «How to pitch» organisiert, in dem wir freies Präsentieren geübt haben.

Als wir die drei strategischen Stossrichtungen intern vorgestellt haben, sind natürlich Fragen aufgekommen: Wenn mein Job in keinem dieser Bereiche angesiedelt ist, brauchst du mich in Zukunft dann nicht mehr? Hier geht es darum, Brücken zu bauen.

Wie entwickelt ihr eure Story weiter?

Die Banking-Branche ist wie so viele Industrien im Umbruch. Unsere Kunden beziehen Services für fünf bis sieben Jahre – da wünschen sie sich Sicherheit, dass ein Service auch in ein paar Jahren noch zeitgemäss ist. Wie sieht die Branche dann aus? Gibt es überhaupt noch so viele Banken? Was machen sie? Welche Technologien setzen sie und wir ein? Welche Geschäftsmodelle werden sich bewähren? Das sind Fragen, die wir uns stellen. Es ist gut möglich, dass viel Disruption stattfinden wird. Wir haben also eine Branchenprognose für die Jahre 2020 bis 2025 erstellt. Mit Human Centered Design-Methodik entwerfen wir gerade eine neue Visualisierung und zeigen, wie die digitale Bank 2025 aussieht – und was sie für den Endkunden leistet. Diesmal steht nicht die Bank im Zentrum des Bildes, sondern der Kunde. Damit wollen wir aufrütteln und zeigen, dass «ein bisschen

Der Unternehmenswert von Storydoing-Unternehmen wächst schneller

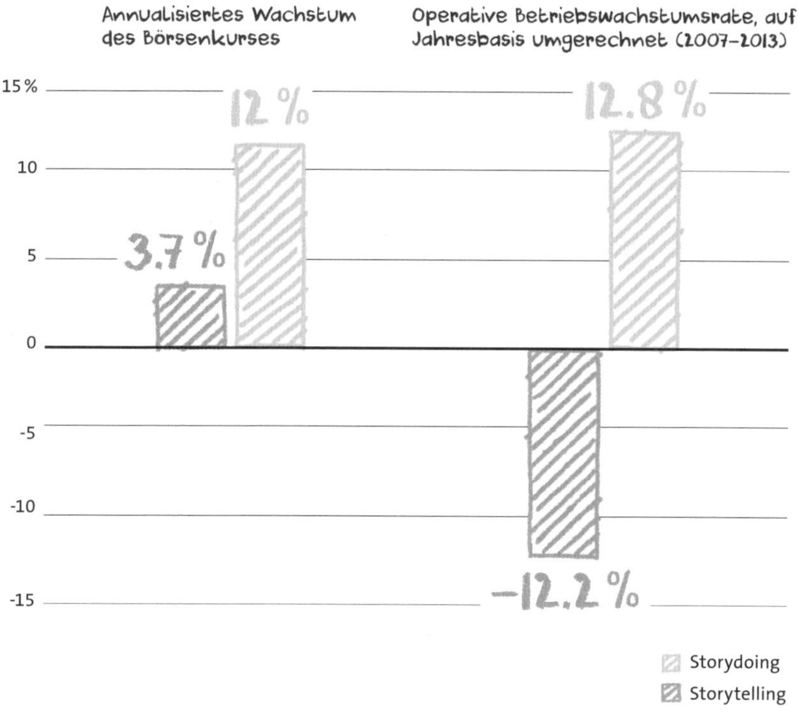

Quelle: co:collective, 2014

AUS DER PRAXIS

digital» nicht reicht. Überträgt man das Tempo, in dem in der Branche international Innovation stattfindet, auf die Schweiz, ist eines klar: Das Bankengeschäft wird sich in den nächsten 10 Jahren grundlegend ändern. Viele kleine Schweizer Banken warten momentan aber lieber noch ab.

Was ist deine Zukunftsprognose?

Ich denke, dass Banken ihre Vertrauensrolle in Zukunft noch vielfältiger nutzen können. Heute vertraue ich meiner Bank meine Finanzdaten an. Aber ich kann mir auch vorstellen, dass ich meiner Bank zukünftig auch Nutzerdaten zur Verfügung stelle und darauf vertraue, dass sie mir das richtige Angebot macht, indem sie meine Daten auf sinnvolle Weise kombiniert. Ich vertraue meiner Bank heute und vermutlich auch zukünftig mehr als Google und Facebook.

AUS DER PRAXIS

AUS DER PRAXIS

FERNSEHEN, DAS AUF DEN ZUSCHAUER WARTET.

In den ersten Jahrzehnten der Geschichte des Fernsehens drehte sich alles ums Gerät. Oder eher: ums nicht vorhandene Gerät. Denn Fernseher waren lange ein Luxusgut, das sich nicht jeder leisten konnte. In dieser Zeit hatten es die Fernsehmacher einfach: Sobald eine Sendung ausgestrahlt wurde, schalteten alle ein. Schliesslich gab es nur ein paar Sender mit ein paar Stunden Programm.

Heute ist das anders – auch beim Fernsehen sitzen die Kunden im Reitersitz. Die Zuschauer bestimmen, was sie wann und wo schauen. Rund 125 Minuten pro Tag verbringen die Menschen in der Schweiz mit TV – ein Fernsehgerät im Wohnzimmer brauchen sie dazu nicht mehr.

Auf den nächsten Seiten lesen Sie eine kleine Geschichte des Fernsehens und die grosse Geschichte von Swisscom TV 2.0 – der neuen Art fernzusehen.

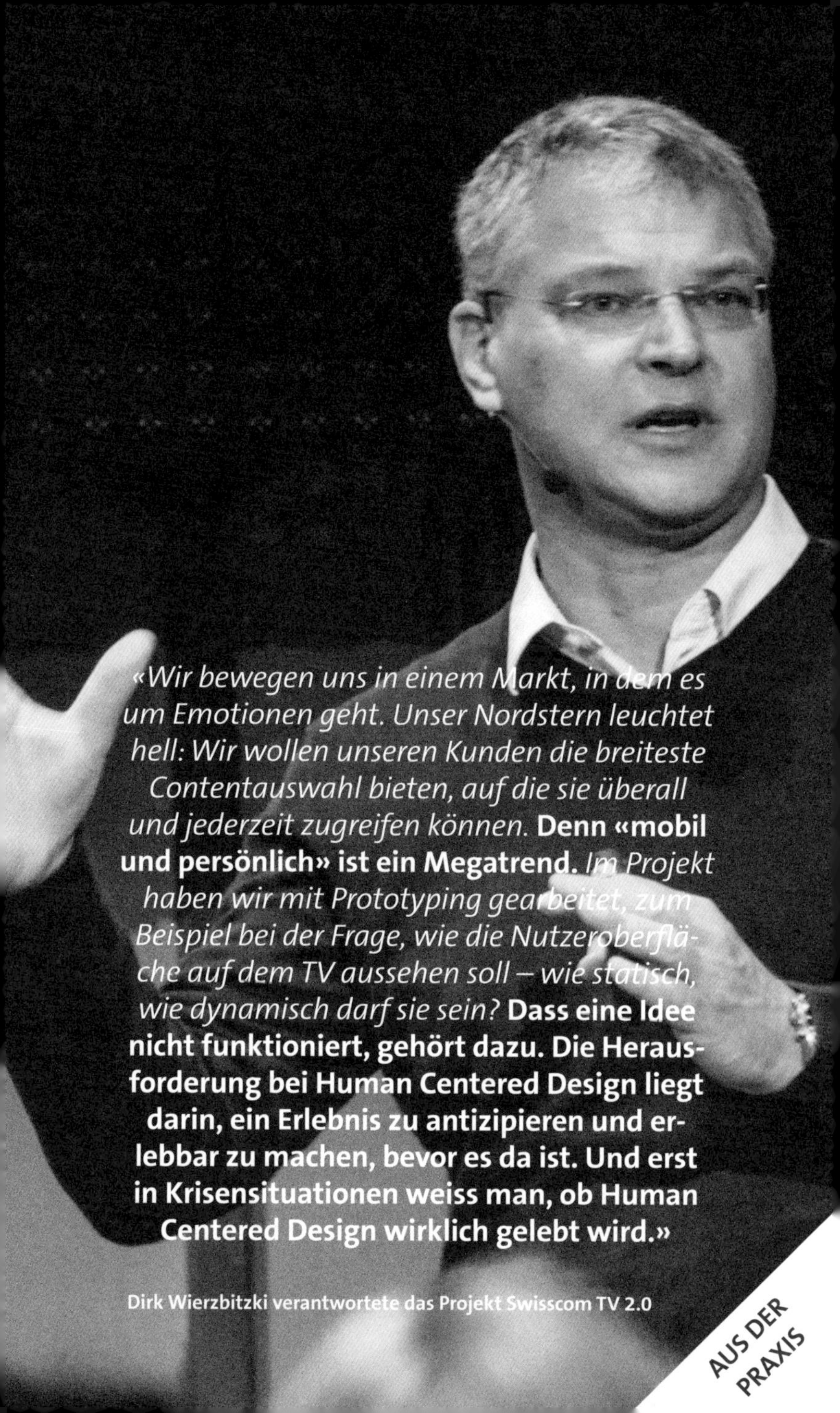

«Wir bewegen uns in einem Markt, in dem es um Emotionen geht. Unser Nordstern leuchtet hell: Wir wollen unseren Kunden die breiteste Contentauswahl bieten, auf die sie überall und jederzeit zugreifen können. **Denn «mobil und persönlich» ist ein Megatrend.** *Im Projekt haben wir mit Prototyping gearbeitet, zum Beispiel bei der Frage, wie die Nutzeroberfläche auf dem TV aussehen soll – wie statisch, wie dynamisch darf sie sein?* **Dass eine Idee nicht funktioniert, gehört dazu. Die Herausforderung bei Human Centered Design liegt darin, ein Erlebnis zu antizipieren und erlebbar zu machen, bevor es da ist. Und erst in Krisensituationen weiss man, ob Human Centered Design wirklich gelebt wird.»**

Dirk Wierzbitzki verantwortete das Projekt Swisscom TV 2.0

AUS DER PRAXIS

KLEINE GESCHICHTE DES FERNSEHENS

1886
Paul Nipkow meldet die Idee des Fernsehers zum Patent an.

1928
Erfindung des ersten Fernsehers, der «Ferntonkino» oder «Telehor» heisst und ein Röhrenfernseher ist. In Deutschland, Grossbritannien und in den USA gibt es erste Fernsehvorführungen in Schwarz-Weiss.

1935
Das erste regelmässige Fernsehprogramm der Welt startet in Berlin und sendet zunächst an drei Tagen der Woche, bald jedoch täglich zwischen 20.30 und 22 Uhr. Das Fernsehen ist ein informierendes Medium, das Nachrichten, Reportagen und Dokus zeigt. Die meisten Menschen verfolgen die Sendungen in sogenannten öffentlichen Fernsehstuben.

1943

1953

SCHWEIZER FERNSEHEN

1943

Farbfernsehen kann erstmals in den USA empfangen werden. Jedoch müssen die Farbtöne am Gerät manuell eingestellt werden.

1953

Das Schweizer Fernsehen startet mit drei Sendungen pro Woche. An drei Abenden gibt es je eine einstündige Sendung aus dem Studio Bellerive in Zürich.

1968
Fernsehgeräte werden erschwinglich. Im Dezember wird die millionste Fernseh-Empfangsbewilligung gelöst.
Die SRG startet offiziell mit Farbfernsehen und mit der systematischen Erforschung der Bedürfnisse des Radio- und Fernsehpublikums.

1984
Die Geburtsstunde des Privatfernsehens in Deutschland. Die Vielfalt an Sendern wird unüberschaubar, besonders weil es eine weitere Technik gibt, sie auszustrahlen: Satellitenfernsehen.

Ab 2000

Flachbildschirme ersetzen Röhrenfernseher; die Bildqualität wird brillant und gestochen scharf; aus Mono- wird Stereosound, das Fernsehsignal wird digital und ist in HD verfügbar. Längst ist das Fernsehen das wichtigste Massenunterhaltungsmedium.

Heute

Der Zuschauer ist sein eigener Programmdirektor und nicht mehr an ein Gerät gebunden. Er wählt aus, was er wann und wo im TV schaut. Und die Entwicklung geht rasant weiter.

GROSSE GESCHICHTE VON SWISSCOM TV 2.0

Mitte 2012 startet das Projekt Swisscom TV 2.0. Es gibt ein bestehendes TV-Produkt, dessen Betrieb weiterhin sichergestellt sein muss.

Bedürfnisse

Kunden
Anytime, anywhere, any content

Zuschauer wünschen sich, das Programm ihrer Wahl überall da zu sehen, wo sie gerade gehen, stehen oder sitzen. Wer auf den Startknopf drückt – auf der Fernbedienung oder per App – will inspiriert werden und persönlich relevante Informationen möglichst rasch finden.

Swisscom
Schicksal selbst in der Hand haben

Swisscom TV 2.0 wird eine komplette Eigenentwicklung; bisher nutzt man standardisierte Technologie und hat zu viele Abhängigkeiten. Neu soll das Potenzial ausgeschöpft, die Wertschöpfungskette optimiert, das Kundenerlebnis selbst gestaltet werden.

Das Projekt hat zwei grosse Aufgaben:
- Entwicklung der Technologie.
- Entwicklung des Angebots für Kunden.

2012
START
SWISSCOM TV 2.0
BEDÜRFNISSE
Kunde:
anytime
any content
anywhere
2.0
Inspiration
& Information
Swisscom:
"SCHICKSAL
SELBST IN DER
HAND HABEN"
Entwicklung
der Technolgie
Entwicklung
des Angebots
AUS DER
PRAXIS

Teamaufstellung

Management

Im Business der klassischen Netzbetreiber tauchen neue Geschäftsfelder und Mitbewerber auf. Im begehrten Entertainment-Markt kann nur ein disruptives Produkt einen Vorsprung sichern. Die Zeit ist gekommen für eines der grössten Service-Entwicklungsprojekte, die Swisscom je gestemmt hat. Da braucht es Vertrauen und Reporting.

Projektteam

Alle Teammitglieder arbeiten exklusiv für TV – das gestaltet die Zusammenarbeit schnell und agil. Dabei kann das Projektteam die Arbeitsschritte und die Detailroadmap selbst bestimmen – der Druck ist natürlich trotzdem da.

Kunden

Immer wieder werden Kunden im Umgang mit Prototypen beobachtet und befragt. Dazu gehören auch Aufgaben: «Probieren Sie mal, diese Serie aufzunehmen.» Jedes Detail muss einzeln getestet werden und dann doch mit allen anderen harmonieren.

Am meisten verspricht die Replay-Funktion: Alle schon gelaufenen Sendungen sollen bis zu einer Woche später nachträglich geschaut werden können.

TEAM-AUFSTELLUNG
klassischer Netzbetreiber
disruptive Produkte
ENTERTAINMENT-MARKT
Management:
VERTRAUEN
REPORTING
Projektteam:
agile & schnelle Zusammenarbeit
Kunde:
"probieren sie mal, diese serie aufzunehmen."
KUNDEN IM UMGANG MIT PROTOTYPEN BEOBACHTEN

Herausforderungen

Laufendes Business

Swisscom hat schon ein TV-Produkt auf dem Markt, das auch in der Entwicklungsphase von TV 2.0 funktionieren muss. Um dies sicherstellen, wird das bestehende TV-Entwicklungsteam ins Projektteam integriert. Ein Nukleusteam mit HCD wird gebildet.

Konkurrenzdenken

Kritische Stimmen begleiten jedes neue Projekt. Es gilt, das bestehende TV-Team davon zu überzeugen, dass die Weiterentwicklung notwendig ist. Nur wenn alle an einem Strang ziehen, kann das Projekt Erfolg haben.

Komplexität & Prozesse

Das Projekt ist hochkomplex, es kommt auf unzählige Details an, die alle zusammenspielen müssen:

· in der Technik z.B. die TV-Box, der Router, die Fernbedienung, die IP-basierte Cloud.

· inhaltlich z.B. das Angebot und das Design aller Elemente, die Apps, Verhandlungen mit Partnern, Schulung von Call-Center-Mitarbeitenden.

· in Prozessen z.B. die Stabilität, Systeme, Datenbanken, Verrechnung und Migration von einer Million bestehenden Kunden.

Rechtsumfeld

Nur ein Knopfdruck, um die Replay-Funktion für alle Sender zu aktivieren? Leider nein, die Rechtsabteilung findet keine Lösung. Jeder Sender ist einzeln freizuschalten.

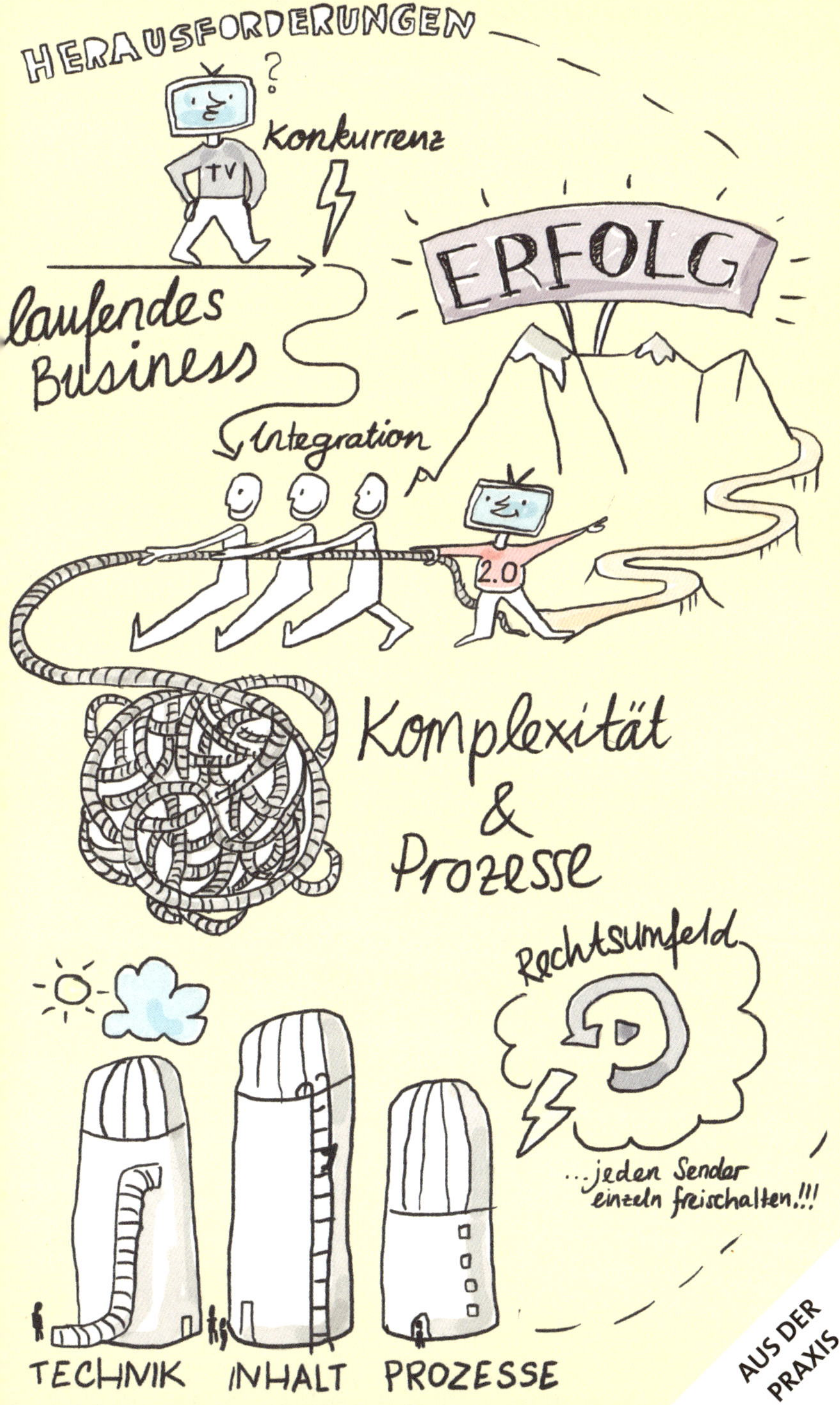

AUS DER PRAXIS

Aktivierungsgebühr

Muss wirklich jeder Bestandeskunde, der das neue Swisscom TV nutzen will, eine Aktivierungsgebühr zahlen? Auch Stammkunden? HCD findet: Nein. Das Business findet: Ja. Und es gewinnt.

Kundentests

Befragen, beobachten, testen

Zwei Wochen nach Projektstart werden schon Sprints durchgeführt, in denen Entwicklungen bei Kunden getestet werden. Das wird alle paar Monate wiederholt. Vor dem Launch läuft ein Pilottest bei rund 4400 Haushalten.

Unboxing

Unboxing-Tests ergeben, dass die Grösse der TV-Box, das Design und die Einfachheit der Installation die Kunden begeistern.

Qualität vor time-to-market

Das vom Management gesetzte Ambitionsziel noch vor dem Weihnachtsgeschäft zu lancieren, wird nicht erreicht, weil die Kundenzufriedenheit noch nicht gut genug ist. Ein Entscheid, der kostet und nicht leicht getroffen wird – der Kunde wird ernst genommen.

Geiles Produkt

Vor dem Launch geben Kunden begeisterte Feedbacks: «Das ist ein geiles Produkt!» Besonders die neue Replay-Funktion kommt ausgezeichnet an.

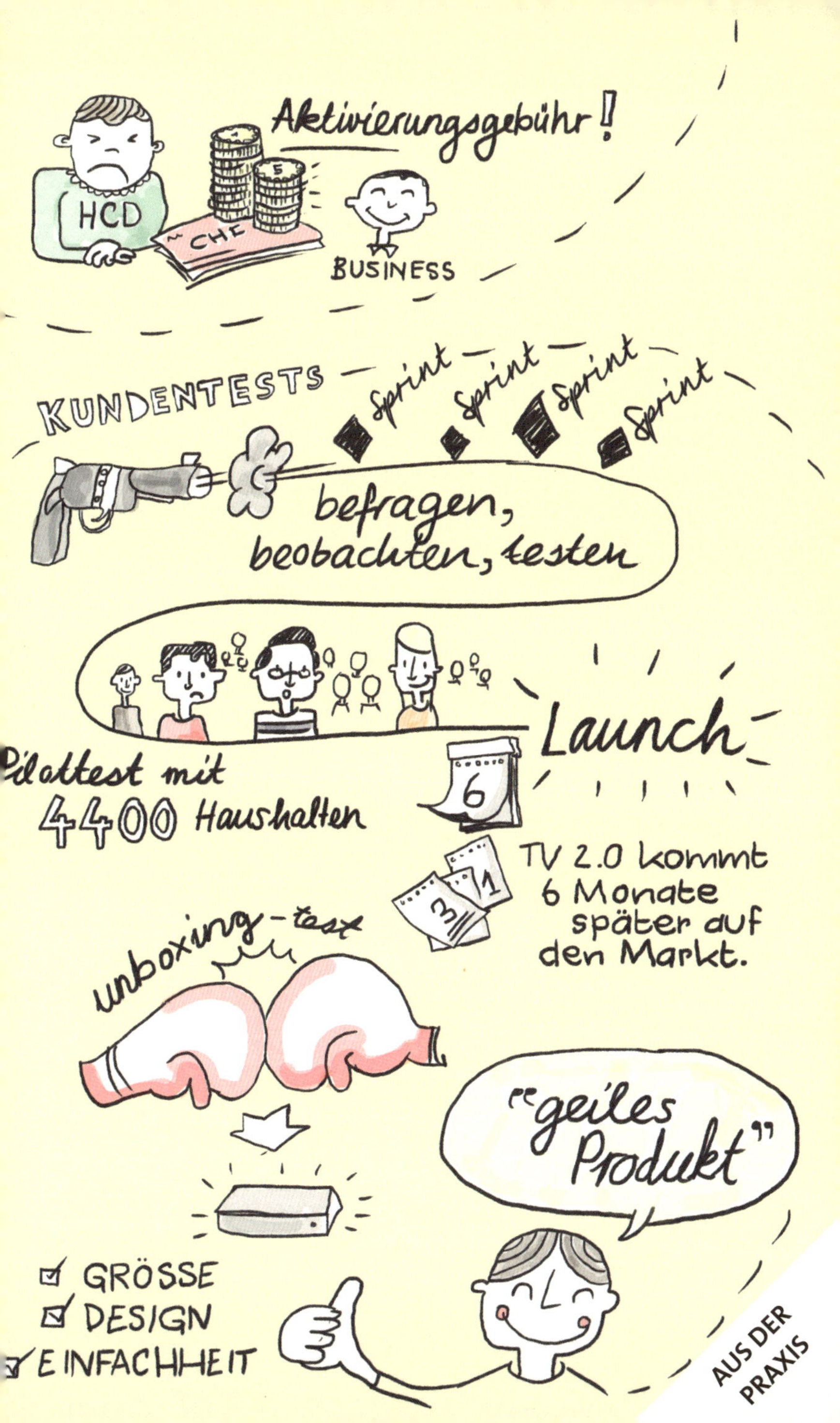
Aktivierungsgebühr!
HCD
~CHF
BUSINESS
KUNDENTESTS
Sprint
Sprint
Sprint
Sprint
befragen, beobachten, testen
Launch
Pilottest mit 4400 Haushalten
6
TV 2.0 kommt 6 Monate später auf den Markt.
1
3
unboxing-test
"geiles Produkt"
GRÖSSE
DESIGN
EINFACHHEIT
AUS DER PRAXIS

Annahmen treffen

Wie viele Kunden nutzen Replay?

In Lasttests rechnet man, dass die Replay-Funktion im einstelligen Prozentbereich mehr genutzt werden wird. Tatsächlich sind es +100 Prozent – das sorgt für Stabilitätsprobleme. Man kann nie auf alles vorbereitet sein, aber immer bereit sein, sich zu entschuldigen.

Mitte 2014 wird das viersprachige Produkt Swisscom TV 2.0 erfolgreich im Schweizer Markt eingeführt. Kundenzahlen und Umsatz steigen, der Schritt, Marktleader zu werden, rückt näher.

Neue Massstäbe

Einfache Bestellung, einfache Installation, einfache Anleitung, einfache Nutzung – das haben die Kunden vom ehemals klassischen Netzbetreiber Swisscom nicht erwartet. Das Unternehmen setzt neue Massstäbe im Entertainment und verändert die Wahrnehmung der Kunden, mithilfe von Human Centered Design.

Das Ergebnis

- 250+ Sender, 100+ davon in HD.
- 7 Tage Replay auf über 250 Sendern.
- Unbegrenzt gleichzeitig aufnehmen (1200 h).
- TV auf allen Bildschirmen: PC, Tablet und Smartphone.
- Live TV in HD.
- Bis zu sieben Tage Replay.

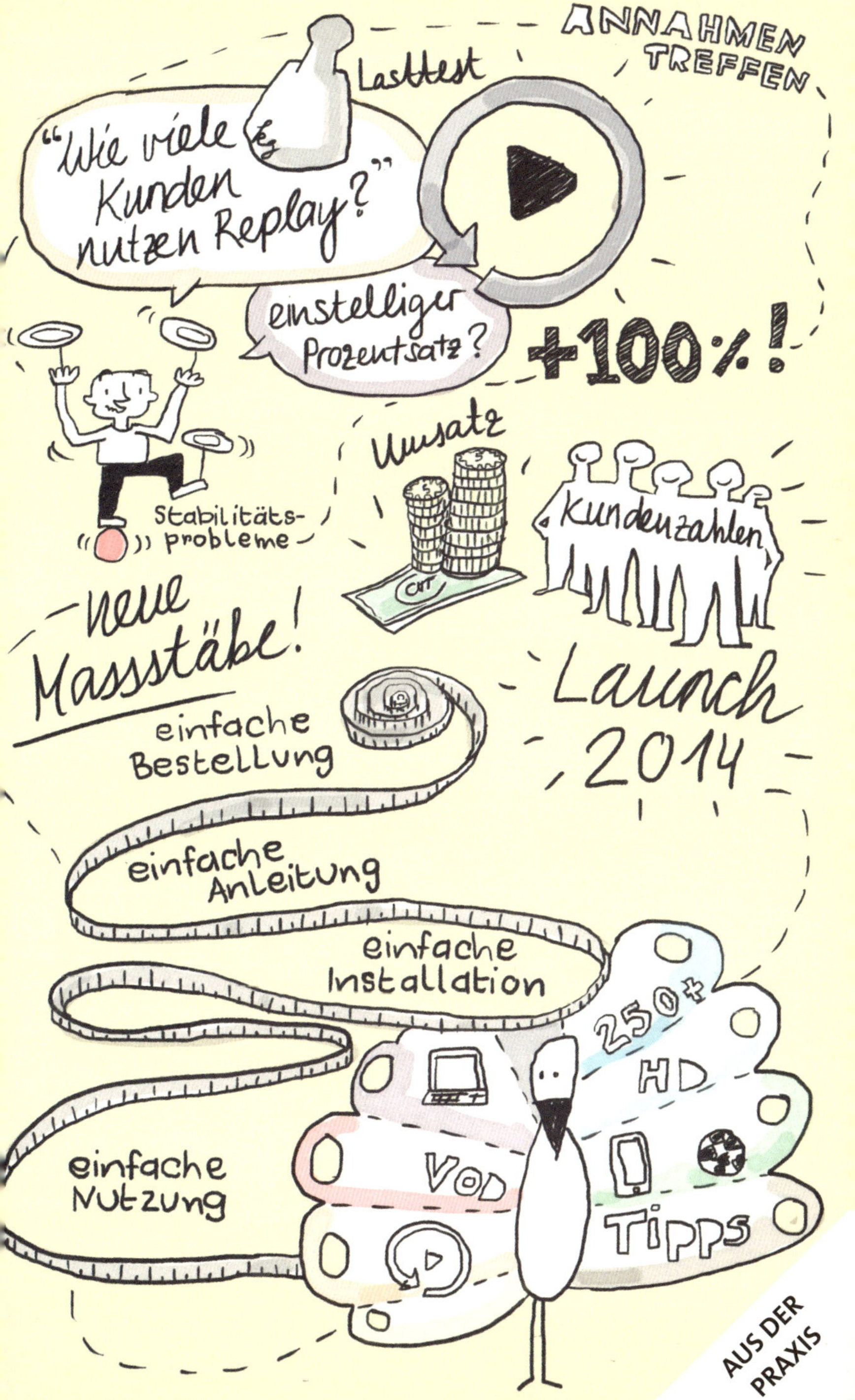

AUS DER PRAXIS

- Aufnahmen, Video on Demand, Live Sport Events, Senderlisten, Programmtipps.
- Bewusst gestaltetes und durchgängiges Kundenerlebnis.
- Der Net Promoter Score (NPS) ist bereits nach dem ersten Jahr auf hohem Niveau um 10 Punkte gestiegen.

Mögliche Zukunftsmusik

- Verschiedene Profile für Familien.
- Mit Freunden kommunizieren per Social TV.
- Teleclub to go.
- Try & Buy für Kunden anderer Zugangsanbieter.
- Games on Demand.
- Konsistenteres, einfacheres und inspirierendes Erlebnis.
- Noch höhere Kundenbindung.

AUS DER PRAXIS

KAPITEL 4

MENSCHEN UND ZUSAMMENARBEIT

Wir haben bereits erwähnt, dass die meisten Unternehmen vor vielfältigen und komplexen Herausforderungen stehen. Die technologischen Entwicklungen folgen sich in immer kürzeren Abständen, und die stetigen Veränderungen stellen uns alle vor neue Aufgaben – Unternehmen, Abteilungen, Teams, Mitarbeitende, Partner, Lieferanten, Unis und Hochschulen. Gefundene Lösungen haben oft keine lange Haltbarkeit. Führung mit ihren bisherigen Einstellungen und Methoden stösst zunehmend an Grenzen.

Wie können sich Führungsverantwortliche und Mitarbeitende wappnen für die Herausforderungen einer zunehmend dynamischen Zukunft? Braucht es mehr kreative Genies? Mehr Jobs, Cases, Pages oder Zuckerbergs? Oder sollten wir uns lieber fragen, wie wir Zusammenarbeit gestalten, damit wir für die ständig neuen Herausforderungen neue und nachhaltige Lösungen entwickeln können. Denn wenn wir Rahmenbedingungen schaffen, in denen Teams selbstverantwortlich zusammenarbeiten können und genügend Freiraum haben, sich an den aus- und unausgespro-

Diversität in Teams treibt Innovation voran

Frage: Wie sehr stimmen Sie folgender Aussage zu? «Heterogene und integrative Teams sind wichtig, um unterschiedliche Perspektiven und Ideen zu fördern, welche Innovation vorantreiben.»

Zustimmung
- ✓ voll und ganz (48 %)
- ✓ eher (37 %)
- × eher nicht (11 %)
- × überhaupt nicht (3 %)
- ? weiss nicht (1 %)

Umfrageteilnehmer stimmen überdurchschnittlich zu, dass es eine bunt gemischte und integrative Arbeitnehmerschaft braucht, um die Innovationsstrategie anzutreiben.

Quelle: Forbes Insights, 2011

chenen Bedürfnissen der Kunden auszurichten, dann gelingt es uns, abseits von einzelnen Glückstreffern dauerhaft erfolgreich am Markt zu agieren.

Was braucht es also für eine erfolgreiche Zusammenarbeit im Team? Diesen besonderen Spirit, wenn man mit einem kleinen Team alle vermeintlichen Widerstände aus dem Weg räumt und gemeinsam Grosses erreicht. Diese einzigartige Energie, wenn man sich im Projektteam zuhört, sich versteht, einander vertraut und gemeinsam kämpft. In einem guten Team beflügeln sich die Mitarbeitenden gegenseitig. Und was unter anderen Umständen eine Belastung wäre, wird zur Freude. Das ist die Energie kreativer Zusammenarbeit, die unter bestimmten Bedingungen entsteht und wächst. Dazu braucht es Führungsverantwortliche und Mitarbeitende, die Teamdynamiken und Prozesse verstehen und diese auch gestalten können.

Es ist die Mischung aus Rahmenbedingungen und Zusammensetzungen der Skills, die «high-performing Teams» von normalen Teams unterscheiden. Es braucht heterogene, interdisziplinäre Teams, zusammengesetzt aus Personen, die Experten in ihrer Disziplin sind und gleichzeitig Neugier und Interesse für andere Bereiche haben. Mitarbeitende, die sich auf andere Denkweisen einlassen können. So können Personen mit verschiedenen Perspektiven gewinnbringend zusammenarbeiten. Zudem gehören Prozessexperten, die entweder Teil des Teams sind oder das Team begleiten, zum Erfolgsrezept.

Wie die meisten Unternehmen sind wir uns bei Swisscom bewusst, dass vor allem unsere Mitarbeiten-

SIMPLE
HEALTH
SCIENCE
SLOW
PRIVATE

den für den Erfolg des Unternehmens verantwortlich sind. Aus genau diesem Grund haben wir über 3500 Personen in Workouts an Human Centered Design herangeführt. Ferner haben wir durch eine intensive Ausbildung 500 «HCD-Facilitators» innerhalb der gesamten Swisscom zu Prozessexperten ausgebildet, die über die Bereiche hinaus Teams in Workshops durch den Hear Create Deliver-Prozess führen. Und nicht zuletzt der Bereich HCD, der für längere und tiefe Begleitung von strategisch wichtigen Projekten 20 Co-Creator und 5 Catalysts stellt, die sich an diesen Projekten inhaltlich beteiligen, den Prozess begleiten und eine tiefe Kundensicht einbringen und die Lernspirale ankurbeln.

Einiges kann man durch Qualifikation der Mitarbeitenden erreichen. Doch nicht jeder besitzt die Fähigkeit, Antworten auf Fragen zu entwickeln, die noch gar nicht gestellt wurden. Die Neugier, den eigenen Standpunkt zu verlassen, um sich die Schuhe des Kunden anzuziehen. Den Willen, querzudenken, auch mal um zwei oder drei Ecken. Den Mut, es einfach mal auszuprobieren. Aber genau dies muss möglich sein, wenn man erfolgreich sein will.

Aber wie finden Unternehmen Talente mit diesen Fähigkeiten, die in der Arbeitswelt von morgen der Schlüssel zum Erfolg sind? ***Denn Unternehmen, die diese Fähigkeiten bereits heute bei ihren Mitarbeitenden fördern und bei der Rekrutierung darauf achten, Kandidaten mit diesen Fähigkeiten einzustellen, erarbeiten sich einen unschätzbaren Vorteil.*** Bei Swisscom haben wir deshalb unseren Rekrutierungsprozess mit Human Centered Design neu gestaltet.

Ziel: Agile kundenorientierte Arbeitsweise bei Swisscom verankern

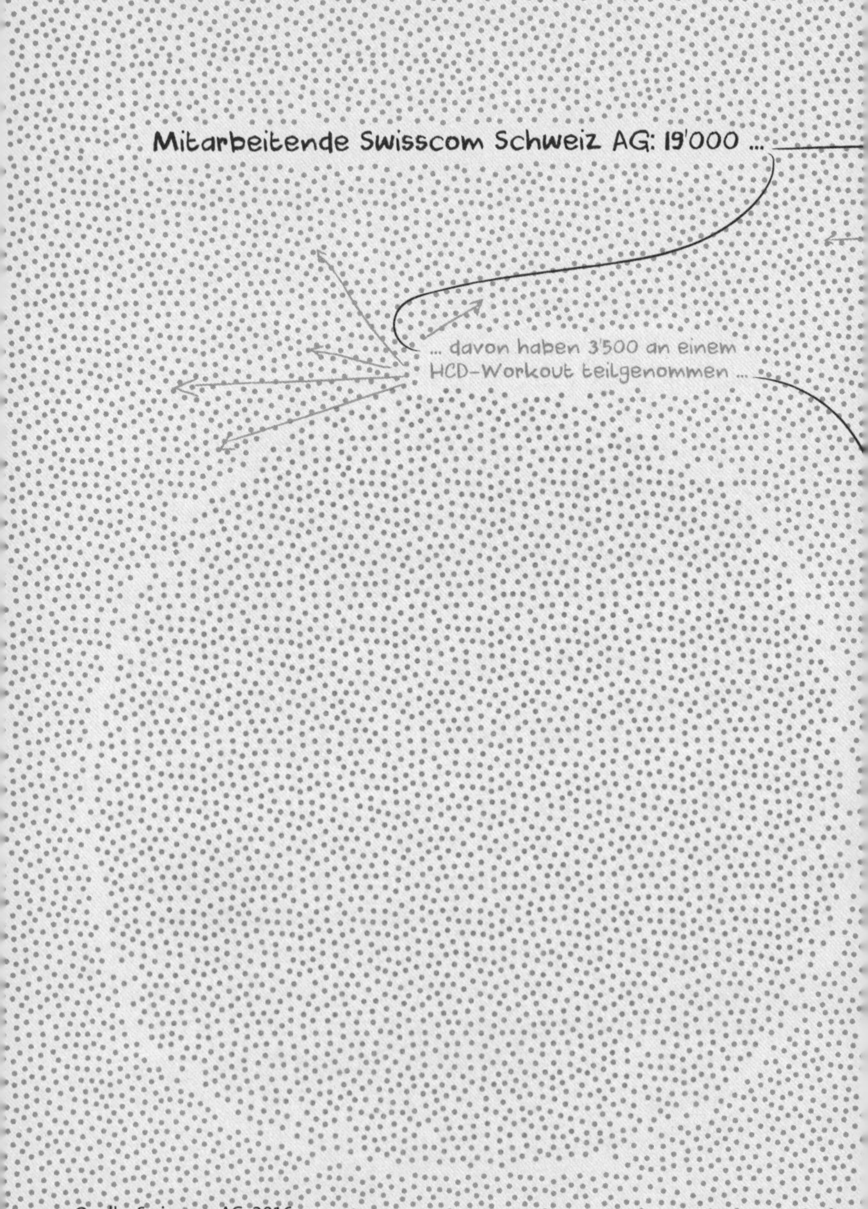

Quelle: Swisscom AG, 2016

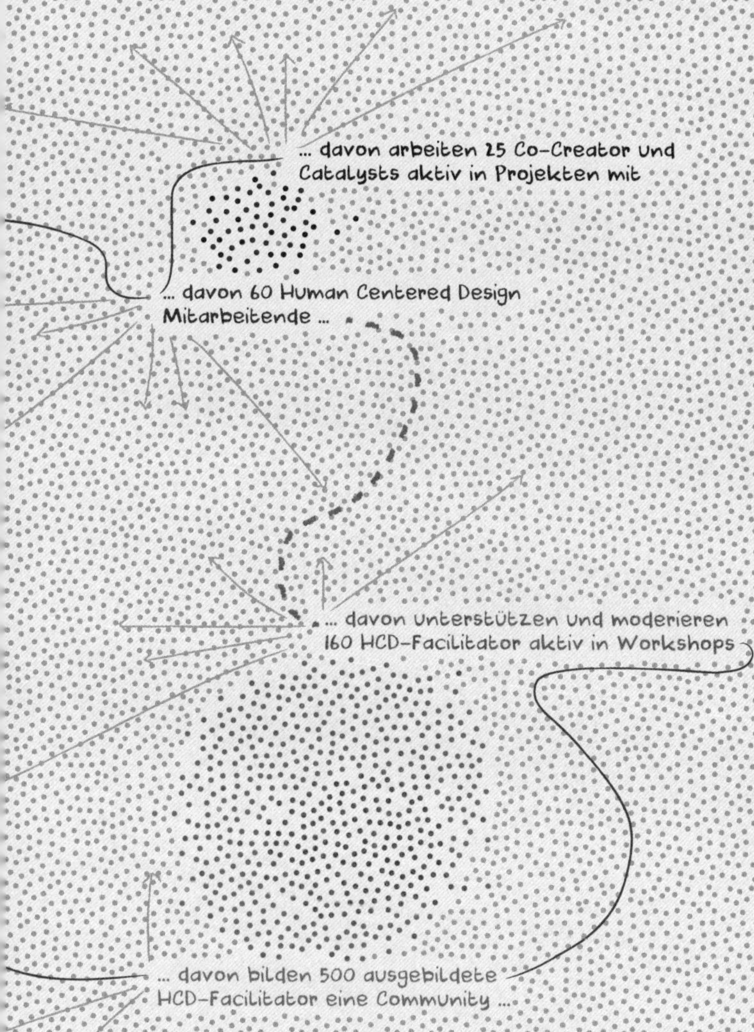

Weg: Experten Team mit hoher Vernetzung und Wirkung

unterschiedliche Sichtweisen erweitern den Horizont

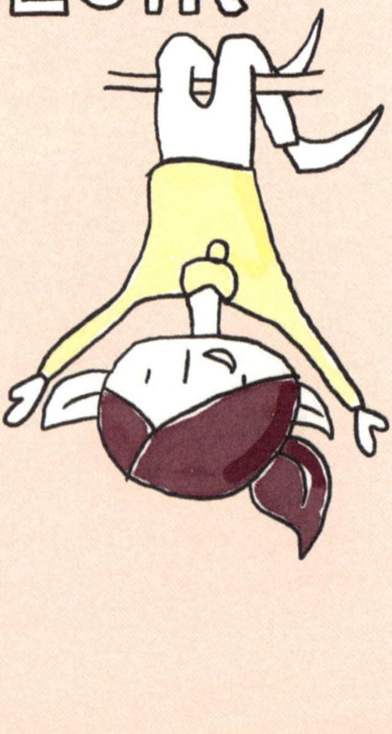

Reichen die richtigen Talente und Skills?

Wir haben die Rahmenbedingungen bereits erwähnt. Was heisst dies in der Praxis? Geht es hier um «Work Life Balance»? Diese ist sicherlich förderlich für die Motivation der Mitarbeitenden. Entscheidend ist jedoch, wie wir den Raum für die Zusammenarbeit gestalten. Die Projektteilnehmer brauchen den zeitlichen Freiraum, sich voll und ganz auf das Projekt zu konzentrieren – denn der stolze Vertreter des «Multitasking» ist meist viel beschäftigt, aber wenig effizient. ***Das Team muss über einen längeren Zeitraum bestehen, nur so wird konstantes lernen möglich und das Team wird immer besser und effektiver.*** Dies wird durch einen Projektraum verstärkt, in dem die Ergebnisse des Projektes sichtbar sind und im Team gemeinsam an deren Weiterentwicklung gearbeitet werden kann. Dazu brauchen die Teammitglieder genügend Handlungsspielraum sowie die Kompetenz, Entscheidungen zu treffen.

Im Kern geht es bei der kreativen Zusammenarbeit darum, bereits bei der Teamzusammensetzung unterschiedliche Perspektiven zu vereinen und durch verschiedene Expertisen, wie Engineering, Marketing, Finance und Forschung zu erhalten. Dabei braucht es in der Verhaltensweise strukturstarke Personen wie den Kobold Todo, aber auch Freidenker und Kreative wie seine Schwester Lela. Aber in welcher Form soll die Zusammenarbeit letztlich stattfinden? Wo liegen die Verantwortlichkeiten, und wie wird entschieden? Es geht darum, die Bedingungen für kreative Zusammenarbeit zu verstehen und so einzurichten, dass Mitarbeitende und Führungsverantwortliche ihr Potenzial voll einbringen können.

Perspektivenwechsel

7 Design Skills

Um die Mitarbeitenden gut für kreative Zusammenarbeit aufzustellen, helfen uns die 7 Design Skills, die wir euch an dieser Stelle grob vorstellen möchten.

1. Perspektivenwechsel

Ein Perspektivenwechsel ermöglicht zwangsläufig neue Sichtweisen. Teams können andere Lösungsansätze entwickeln. Sie finden schnellere und günstigere Lösungen, weil sie aus den bekannten Denkmustern ausbrechen. Für neue Lösungen müssen wir unser Denken bewusst erweitern und unsere Perspektive verändern. Wenn wir mit vermeintlich logischen Transfers in andere Länder oder Branchen nicht weiterkommen, mag es genauso zielführend sein, scheinbar unlogische Perspektiven auszuprobieren. Wie würden wir zum Beispiel in der Lösungssuche vorgehen, wenn unsere neu zu gestaltenden Preise nicht statisch wären, sondern sich wie ein treuer Hund, der uns durch den Alltag begleitet, anpassen? Oder stellen wir uns doch einfach vor, dass die Kunden für unsere neuen Preise geschlagene 12 Stunden im Shop Schlange stehen, nur um das Angebot vor allen anderen zu erhalten. Wie müsste die Dienstleistung dann aussehen?

Drei hilfreiche Fragen zum Perspektivenwechsel:

- Bin ich bereit andersartige Lösungen oder Lösungswege zuzulassen?
- Habe ich den Auftrag offen genug und nicht bereits als Lösung formuliert?

PROJEKT
intensive Zusammenarbeit

- Kommen ungewöhnliche Ideen zum Ausdruck und werden diese aufgenommen?

2. Intensive Zusammenarbeit

Die Erfahrung zeigt, und es steht für mich ausser Frage, dass Teams mit einer gemeinsam erarbeiteten und getragenen Vision eine grosse Energie und Dynamik entwickeln. Sie schaffen es, Fachgrenzen und Silos zu überwinden, und sie arbeiten intensiv am gemeinsamen Ziel. Natürlich braucht es dafür eine heterogene Teamzusammenstellung und die entsprechende Empathie und Offenheit jedes Einzelnen. Eines sollten wir nicht ausser Acht lassen: Projektteams, die sich zu einem Kick-off-Meeting treffen und sich danach nur hie und da ein, zwei Stunden die Woche zusammensetzen, sind weder effizient noch effektiv. Ein Team sollte mehrere Tage pro Woche miteinander im gleichen Raum verbringen.

Drei hilfreiche Fragen zu intensive Zusammenarbeit:

- Gibt es bereits genug Diversität im Team (unterschiedliche Fachgebiete, Denkweisen, etc.)?
- Stimmt die Atmosphäre im Team? Können die Leute miteinander streiten und lachen?
- Braucht es die «4x1-Regel»: 1 Team, 1 Leader, 1 Ort und 1 Projekt zur selben Zeit?

umfassendes
Kundenverständnis

3. Umfassendes Kundenverständnis

Ein breites und tiefes Verständnis für Menschen hilft dabei, erfolgreiche Business-Entscheidungen zu treffen. Der regelmässige und persönliche Kontakt mit Kunden und Touchpoint-Mitarbeitenden ist notwendig, um ein umfassendes Verständnis für sie zu gewinnen und sich in sie hineindenken zu können. Dabei geht es vor allem um die unausgesprochenen Bedürfnisse. Oft genug machen sich Menschen selbst etwas vor und wissen gar nicht, was sie wirklich brauchen. Oder sie sagen etwas, von dem sie denken, dass wir es hören wollen. Das beste Beispiel dafür kommt aus dem Mund von Henry Ford: «Wenn ich die Menschen gefragt hätte, was sie wollen, hätten sie gesagt: Schnellere Pferde.»

Drei hilfreiche Fragen zu umfassendes Kundenverständnis:

- Lebe ich dem Team persönlich und regelmässig Kundenkontakt vor?
- Hat das Team ein gemeinsames Bild vom Kunden und seinen Bedürfnissen, Wünschen, Ängsten, etc.?
- Helfe ich dem Team die Erkenntnisse aus Kundenkontakten und Studien zusammenzuführen und diese in den Gesamtkontext zu stellen?

4. Geschichten entwickeln

Geschichten erreichen die Menschen sehr direkt. Sie begeistern, sind unterhaltsam und prägen sich ein. Unser Hirn speichert eine gute Geschichte als Erlebnis und Erinnerung. Dementsprechend lässt sich eine Pro-

geschichten
entwickeln

Ganzheitlich
gestalten

duktbeschreibung den Kunden viel nachhaltiger über eine Geschichte näherbringen als über unzusammenhängende Produktdetails und Funktionen. Dabei ist zu beachten, dass ein Unternehmen wenige, aber konsistente und verständliche Geschichten am Markt erzählen sollte, um wirklich wahrgenommen zu werden.

Drei hilfreiche Fragen zu Geschichten entwickeln:

- Dient die Geschichte als «Verpackung» oder ist sie der Leitfaden für das Angebot?
- Passt die Geschichte, die entwickelt wird, zur Strategie des Unternehmens?
- Versteht das Team, wie Geschichten gestaltet werden und welche Wirkung sie haben?

5. Ganzheitlich gestalten

Je integrierter und durchgängiger Angebote gestaltet werden, desto erfolgreicher wird das Unternehmen sein. Kunden kommen mit unterschiedlichen Bereichen und Produkten eines Unternehmens in Kontakt. Wir gestalten diese deshalb aus Kundensicht konsistent und führen sie ganzheitlich zusammen. Jedes Erlebnis soll sich als positives Erlebnis mit dem Unternehmen anfühlen. Bei jedem einzelnen Erlebnisschritt, jedem Kontakt mit dem Unternehmen, egal um welche Produkte und Angebote es geht.

Drei hilfreiche Fragen zu ganzheitlich gestalten:

- Kann das Team sicherstellen, dass Erlebnisschritte

Lernen durch Ausprobieren

verglichen mit anderen Angeboten des Unternehmens einheitlich gestaltet sind (z.B. Bestellprozesse, Notifikationen, Anleitungen, etc.)?

- Kann das Team auf bestehende, einfache Prozesse anderer Angebote des Unternehmens aufbauen?
- Helfe ich meinem Team im Ökosystem Barrieren aus dem Weg zu schaffen?

6. Lernen durch Ausprobieren

Wir kommen schneller voran und erzielen ein besseres Ergebnis, wenn wir frühzeitig Varianten ausprobieren, also Prototypen entwickeln und aus permanentem Feedback lernen. Es erfordert Flexibilität und Mut in der Lösungsfindung, Varianten auszuprobieren und umzusetzen. Es braucht Offenheit, permanentes Lernen zu wollen und zuzulassen.

Drei hilfreiche Fragen zu Lernen durch Ausprobieren:

- Habe ich Verständnis für Varianten, die nicht perfekt ausgearbeitet sind, weil sie zum Lernen dienen?
- Bekommt das Team ehrliches und direktes Feedback und fordert es dieses auch ein?
- Hat das Team genügend Macher? Kommen sie vom Analysieren und Planen ins Umsetzen?

7. Erlebnisse inszenieren

Bedeutungsvolle Erlebnisse und ihre attraktive Inszenierung berühren Kunden. Für die Umsetzung werden Kundenerlebnisse definiert, bei denen wir klar sagen, was jeder einzelne Bereich beitragen kann. Jeder Bereich und jeder Mitarbeitende muss wissen,

Erlebnisse inszenieren

welchen Beitrag er zur Umsetzung leistet. Der Vergleich zwischen dem definierten Kundenerlebnis und dem vom Kunden wahrgenommenen Erlebnis ermöglicht eine permanente Optimierung. Daher messen wir die Erlebnisse kontinuierlich und legen viel Wert darauf.

Drei hilfreiche Fragen zu Erlebnisse inszenieren:

- Stellt das Team die Kundenerlebniskette ins Zentrum der Projektarbeit?
- Werden konkrete Messwerte für die einzelnen Erlebnisschritte definiert?
- Werden die Touchpoint-Mitarbeiter bereits während der Definition des Kundenerlebnisses mit einbezogen?

HCD ist kein Egotrip, sondern Teamarbeit!

x Portmann
Christoph Strzeletz
Daniel Bermejo
Michael Baeriswyl
Daniela Hüsam
Thomas Petrig
nita Gisler
Frank Seifert
Géraldine Bröker
Marianne Zumkehr
Hartmuth Gieldanowski
Bettina Naef
Katja Leu
Lourdes Martins
Marc Steffen
Harald Weishuber
Martin Breitschmid
Bernhard Egli
arah Seyr
Nicole Knuchel
Nils Reisen
Oliver Stein
Felix Hollenstein
Petra Hutter
bine Hug
Roger Kuriger
Sara Trümpler
Natalie Breitschmid
Silvie Süsstrunk
Stephan Engl
as Robinson
Xavier Weibel
Yann Kunkel
Annemarie Müntener
David Rüfenacht
Isabel Paar
er Grimm
Janine Kübler
Judith Krapf
Matthias Vögtlin
Karin Hilzinger
Sabine Mangold

AUS DER PRAXIS

MILLENNIALS UND MANAGER SCHAFFEN GEMEINSAM INNOVATION

Faule Jugend? Von wegen! Rund 20 Lernende, die bei der Schweizerischen Radio- und Fernsehgesellschaft (SRG) und bei Swisscom in Ausbildung stehen, entwickeln in einem gemeinsamen Projekt das Fernseherlebnis der Zukunft. Herausgefordert werden sie dabei von Topmanagern zweier Organisationen. Und auch die Topmanager werden ihrerseits von den Lernenden herausgefordert.

Und das kommt so: Die SRG wendet 2014 in einem Pilotprojekt erstmals agile Arbeitsweisen an, und zwar für die Entwicklung der technischen Plattform Play. Die Mitarbeitenden sind vom neuen Design Thinking begeistert, und man will intern gleich ein Zeichen setzen. So entsteht die Idee, gemeinsam mit Swisscom als freundliche Konkurrentin ein weiteres Human Centered Design-Projekt umzusetzen. Das Projekt soll einerseits die Relevanz von iterativer, kundenzentrierter Zusammenarbeit für die SRG aufzeigen und andererseits neue Ansätze in die Organisation bringen – indem man Millennials einbindet und ihnen

ZWEI MITSTREITER

**Adrian Zaugg,
Leiter Strategie, SRG**

**Leyla Feiner, Lernende
Mediamatikerin,
Swisscom**

«**Human Centered Design ist mehr** *als nur eine Form von Projektleitung.*»

«*Es geht nicht um Design, das nur cool sein will –* **wir gehen von echten Menschen aus.**»

AUS DER PRAXIS

Verantwortung überträgt. Schliesslich geht es um die Zukunft des Fernsehens!

Die Zukunft des Fernsehens wird heiss diskutiert. Sicher ist, dass immer weniger Zuschauer pünktlich um 19.30 Uhr am Fernsehgerät vor der Tagesschau sitzen. Das zeitversetzte Fernsehen über Replay-Funktion oder Internet wird immer beliebter. Und bei den unter 20-jährigen Millennials ersetzen Computer, Smartphone und Tablet immer mehr das Fernsehgerät. Die Mehrheit von ihnen nutzt gar einen sogenannten Second Screen, damit sie gleichzeitig noch surfen und chatten können.

Vorzeigeprojekt gesucht

Für Adrian Zaugg, Leiter Strategie bei der SRG, liegt die Herausforderung auf der Hand: Die SRG muss umdenken und sich an erster Stelle um die Kunden kümmern, um ihre Wünsche und die passenden Produkte. Für grosse Organisationen kein einfacher Schritt, denn die Verlockung sei gross, sich zuerst mal mit sich selbst zu beschäftigen. Damit es klappt, müsse eine neue Idee intern Rückhalt gewinnen. Mit Human Centered Design habe die SRG das geschafft. Nun wolle man aus dem Schneeball eine Lawine machen und das Design Thinking weiten Kreisen in der Organisation zugänglich machen. Dazu plane man etwa, ein Toolkit einzuführen, das der Organisation Sicherheit gebe und den Kulturwandel anrege. Und man stelle Vorzeigeprojekte vor, so wie das gemeinsame Lernendenprojekt mit Swisscom.

Challenge gefunden

Die Design Challenge, die am Anfang jedes Human

AUS DER PRAXIS

Centered Design-Projekts steht, befasst sich mit nichts Geringerem als mit der Zukunft des Bewegtbilds. Lernende von SRG und Swisscom denken sich gemeinsam mit Topmanagern beider Organisationen das Fernsehen von morgen aus – mithilfe der bewährten Human Centered Design-Methodik, das versteht sich von selbst.

KLEINES PROJEKTTAGEBUCH

2. Februar 2015
Vor dem Projektstart erfahren die rund 20 Lernenden, wie die Design Challenge lautet. Und sie erhalten den Auftrag, Interviews mit Gleichaltrigen zu führen. Alle Ergebnisse sollen auf einem Plakat zusammengefasst werden. Leyla Feiner, Lernende Mediamatikerin bei Swisscom, erfährt in den Befragungen etwa, dass das Internet immer mehr das Fernsehen ersetzt, und dass interaktive Games, welche Jugendliche gemeinsam spielen, eine ernst zu nehmende Konkurrenz für Programmanbieter sind.

16. Februar 2015, Vormittag
Der erste von zwei intensiven Workshoptagen beginnt. Die Lernenden von Swisscom und der SRG präsentieren ihre Erkenntnisse und stellen verschiedene TV-Gewohnheiten vor. Mit dabei sind Topmanager von Swisscom und der SRG, darunter auch Strategiechef Adrian Zaugg. Begleitet und geleitet wird der ganze Workshop von Human Centered Design-Facilitator Alexander Faga. Alle Lernenden sind sich einig: Fernsehen ist heute zu passiv.

AUS DER PRAXIS

Adrian beeindruckt die top Vorbereitung und die super Analyse – ein Lernender hat 12 Personen interviewt. In seiner Freizeit. Ade, ihr Vorurteile über die faule Jugend!

Die Lernenden teilen sich in gemischte Gruppen auf – verschiedene Organisationen, verschiedene Berufsbilder – und ziehen sich in die Projektträume zurück. Hier entwickeln sie mithilfe der Human Centered Design-Methodik und begleitet vom Human Centered Design-Facilitator Ideen, wie das Fernsehen der Zukunft aussehen könnte.

16. Februar 2015, Nachmittag

Am Nachmittag hören die Lernenden einen Vortrag des Swisscom Outpost im Silicon Valley zum Minimum Viable Product (MVP). Der Grundgedanke des MVP ist es, ein Produkt möglichst schnell mit nur den nötigsten Funktionen zu erstellen, um es umgehend zu veröffentlichen und Feedback von Kunden einzuholen. Dieses wird dann genutzt, um das MVP zu erweitern und zu verbessern. Das MVP verzichtet auf alles Unnötige – nur was für den eigentlichen Zweck des Produkts unverzichtbar ist, wird eingebaut. So wird viel Zeit, Arbeit und Geld gespart. Genau dieser Input öffnet den Lernenden die Augen – sie prüfen anschliessend ihre Ideen und korrigieren sie. Besonders die erste Gruppe erkennt, dass sie zu viele technische Funktionen geplant hat, die für das Produkt nicht zwingend nötig sind oder sogar vom eigentlichen Zweck ablenken.

Ihre Ideen zeichnen die Lernenden als Prototyp und bewerben sie sogar in einem kurzen Videoclip –

AUS DER PRAXIS

Vorbereitung für den Pitch am nächsten Tag. Leylas Gruppe gibt ihrem Produkt auch gleich einen Namen und kreiert ein Signet – Watch Together, kurz W2G.

17. Februar 2015, Vormittag

Heute ist Pitchtag. Anwesend sind wieder Topmanager beider Organisationen, der Human Centered Design-Facilitator und natürlich die Lernenden. Die drei Gruppen präsentieren ihre Ideen:

Gruppe 1 – Sprechende Smartbox

Eine personalisierte und sprachgesteuerte smarte Set-up-Box erkennt, welche Person im Haushalt via Stimmbefehl eine Programmwahl spricht, und stellt dann – je nach Zimmer – das gewünschte TV-Programm ein.

Gruppe 2 – Smart Control

Ein Gerät weniger im Wohnzimmer: Eine Smartphone-App ersetzt die Fernbedienung und vernetzt die Zuschauer über Social-Media-Funktionen wie einen Gruppenchat.

Gruppe 3 – Gemeinsam virtuell TV schauen

Per Handy-App wählt man eine Sendung aus und gründet eine Chatgruppe – zur Sendezeit wird der Voice-Chat automatisch gestartet. So kann man sich mit Kollegen live unterhalten, kurz: zusammen fernsehen, obwohl jeder bei sich zu Hause ist.

Adrian denkt, dass die Topmanager von den Pitches der drei Gruppen begeistert sind, es aber zu wenig zeigen.

AUS DER
PRAXIS

Leyla findet das Feedback der Manager gut und nützlich. Genug Input, um die Ideen zu verfeinern.

17. Februar 2015, Nachmittag

Die Gruppen ziehen sich zurück, arbeiten wieder intensiv und pitchen ihre verbesserte Präsentation nochmals bei Entscheidern von der SRG und von Swisscom. Die Ideen kommen an! Beide Organisationen haben in diesen zwei Tagen viel gelernt und neue Denkansätze erhalten. Eigentlich wäre das Projekt damit abgeschlossen ...

Im Mai 2015

... aber die erste und die dritte Gruppe werden an den von der SRG organisierten Hacking Day Hacketon in die SRG-Studios eingeladen. Hier werden die Projekte wieder präsentiert, und es wird entschieden, dass die Ideen weiterverfolgt werden ...

AUS DER
PRAXIS

AUS DER PRAXIS

TOP OF THE POPS – RECRUITING BEI SWISSCOM

Swisscom gehört bereits zu den beliebtesten Arbeitgebern der Schweiz, als wir entscheiden, den Rekrutierungsprozess unter die Lupe zu nehmen. Denn Human Centered Design wäre nicht, was es ist, wenn es nicht das Ziel hätte, alles noch besser zu machen. Insbesondere weil Rekrutierung von neuen Mitarbeitern einer der grössten Hebel für Change im Unternehmen ist. HCD forscht und gräbt aber nicht nur nach Gold, sondern auch nach den weissen Flecken auf der Landkarte. Nach Orten, an denen man neue Wege gehen und etwas bewegen kann. Und genau so einen weissen Fleck finden wir im Recruiting. Denn als wir das Projekt 2012 starten, hat noch kein anderes Unternehmen den Rekrutierungsprozess konzernweit nach Human Centered Design-Prinzipien ausgerichtet. Hier liegt also die Chance, einen weltweiten Benchmark zu setzen.

IM GESPRÄCH

**Alexander Senn,
Head of Recruiting,
Swisscom (Schweiz) AG**

**Natalie Breitschmid,
Human Centered Design,
Swisscom (Schweiz) AG**

«Anfangs hat Human Centered Design genervt. Dass wir im Recruiting das Potenzial haben, Dinge anders und besser zu machen, haben wir gewusst. Aber muss man dazu wirklich alles hinterfragen? Wir haben zuerst mal diese grundlegende Offenheit finden müssen, um uns auf den Prozess einzulassen. Zum Glück haben wir es gewagt, denn es hat sich definitiv gelohnt.

Ja zu einer neuen Denkweise

Swisscom will potenzielle Bewerber flashen. Damit meine ich, wie der Blitz bei ihnen einschlagen, im Positiven natürlich. Denn jeder Kandidat ist ein möglicher Kunde. Das Recruiting Business wandelt sich – in Zukunft sollen freie Stellen etwa weniger über Ausschreibungen besetzt werden, sondern mehr über Kandidatenpools. Intern gibt es diese schon; aber auch extern wollen wir Kandidaten aktiv finden und nicht nur gefunden werden. Um diese Veränderungen einzuleiten, sind ein Mindshift und auch neue Prozesse nötig.

Zwei Erfolgsfaktoren sind aus Sicht Rekrutierung im Projekt mit Human Centered Design am wichtigsten gewesen: Erstens Menschen als Schlüssel zum Erfolg

AUS DER PRAXIS

wahrzunehmen und zweitens die strategische Ausrichtung so zu wählen, dass sie auch morgen noch Erfolg verspricht. Wir suchen letztlich Talente mit denen wir unsere Zukunft gestalten können. Dabei wollen wir keine Hürden. Der Prozess muss einfach und schnell sein.

In der ersten Projektphase haben wir Kandidaten gefragt, wie sie den Bewerbungsprozess bei Swisscom empfinden. Hier hat sich rasch gezeigt, dass wir Hürden abbauen müssen. In einem eShop für Kleider würde kein Kunde zuerst seine Konfektionsgrösse angeben, damit er sich dann durch die Angebote klicken kann. Auch bei der Stellensuche muss sich ein Kandidat einfach bewerben können. Wenn er sich online zuerst einloggen muss, ist das ein Störfaktor. Wir haben unser Jobportal analysiert, Fallstricke gefunden und sie aufgeräumt. Das ist nur ein Beispiel.

«Die Kandidatenerlebniskette und unsere Charta sind **Change-Instrumente** *für die Recruiter.»*

Anhand dieser und anderer Erkenntnisse haben wir dann die Soll-Kandidatenerlebniskette und unsere Charta entwickelt. Mithilfe der Charta haben wir Änderungen im laufenden Rekrutierungsprozess getestet und die Wirkung unmittelbar gesehen – das hat uns ein wirkungsvolles Change-Instrument in die Hand gegeben.

Auch die Zahlen stimmen

Wir haben den Hebel umgelegt im Recruiting. Heute verzeichnen wir weniger Kosten, die Messwerte-Zeiger stehen auf Grün, und im Führungskader sind 70% statt vorher 50% der Stellen besetzt. Der Net Promoter Score (NPS) liegt aktuell bei sehr guten 59 Punkten – hier fragen wir Kandidaten: Wie wahrscheinlich ist es, dass du einem Freund oder Kollegen empfehlen würdest, dich bei Swisscom zu bewerben?

Ein externer Anbieter führt für uns zweimal pro Jahr telefonische Befragungen unter Kandidaten durch. So prüfen wir das effektive Erlebnis und haben spannende Einblicke in Aussagen von Kandidaten! Ein Beispiel: Im ersten Quartal 2015 hatten unsere Recruiter mehr freie Stellen zu besetzen als üblich, was für mehr Arbeit gesorgt hat. Sie hatten also weniger Zeit, die Kandidaten zu betreuen. Das hat sich prompt in der schlechteren Bewertung des Punktes Begleitung der Kandidaten gezeigt. Wir haben dann gleich Massnahmen eingeleitet, etwa wurden gewisse Stellen nicht mehr klassisch ausgeschrieben, sondern mithilfe von Talent Scouting oder Social Media besetzt.

Natürlich sind nie alle im Unternehmen zufrieden mit allen Neuerungen. ***Zum Beispiel hat die konsequente Einführung der Du-Kultur im Bewerbungsprozess polarisiert.*** Heute ist sie aber als Standard etabliert und wird von Bewerbern sehr positiv bewertet. Die Du-Kultur ist ein wichtiges Puzzleteil für unsere strategische Ausrichtung.»

«Wenn wir eine Best Experience Strategie verfolgen, dann sollten wir so konsequent sein, Menschen begeistern zu wollen, die sich bei Swisscom bewerben. Wir bei HCD sind neugierig und haben den Anspruch, etwas zu bewegen. Wir wollen Ausstrahlung haben und Talente auf dem Schweizer Arbeitsmarkt anziehen.

Auf einem bekannten Gebiet geht es für mich stets darum, Neues zu schaffen und anzuwenden. Recruiting ist 2012 ein völlig neues Anwendungsgebiet von Human Centered Design – zum ersten Mal geht es nicht mehr um ein Produkt oder einen Service, sondern darum, einen Prozess neu zu gestalten.

Als Vision und Startpunkt haben wir eine Design Challenge formuliert: Wie können wir es schaffen, dass Bewerbende – unabhängig davon, ob sie eine Zu- oder Absage erhalten – den Rekrutierungsprozess bei Swisscom als positives Erlebnis wahrnehmen?

So nehmen die Kandidaten uns wahr

Unsere Methodik, mit der wir uns einer Challenge nähern, ist vielfältig: Mystery Recruiting, Usability Test

des Jobportals, Fokusgruppe, Design Workshops, Interviews und vieles mehr.

In einer Entdeckungs- und Erkenntnisphase geht es zuerst darum, herauszufinden, wie die Kandidaten den Bewerbungsprozess wahrnehmen. Wir haben sie also zum bestehenden Prozess und zu ihren Wünschen befragt. Geantwortet haben sie zum Beispiel, dass unsere Antworten zu lange auf sich warten liessen, dass die Nutzung unseres Jobportals zu kompliziert sei und dass unsere Absagen nicht gut ankommen. Die Kandidaten wollen jederzeit wissen, wo sie stehen. Nur wenn wir diese Details kennen, können wir die Prozesse anpassen und etwa den Recruitern sagen, weshalb sie nah beim Kandidaten sein müssen.

Co-Creator und Wadenbeisser

Aus den gewonnenen Erkenntnissen haben wir in iterativen Schritten die Soll-Kandidatenerlebniskette mit der Emotion Curve erarbeitet. In diesem Prozess sind viele Ideen für das neue Recruiting entstanden. Als Co-Creator ist es meine Aufgabe, den Rahmen zu sprengen und mentale Provokation zu schaffen. Was wäre, wenn alle Recruiter eine Uniform tragen würden? Natürlich staunt das Projektteam dann oder noch besser: Es empört sich. Aber wenn es unbequem wird, entstehen Kreativität und neue Ideen. Von der Uniform zum Swisscom Pin am Revers ist es schliesslich kein so weiter Weg, oder?

Das wichtigste Ergebnis des Projekts ist ein Mindshift im Recruiting: Swisscom stellt den Kandidaten ins Zentrum und tritt im Arbeitsmarkt vermehrt als

Nachfragerin von Mitarbeitenden auf, nicht nur primär als Anbieterin von Stellen. Damit diese neue Haltung gelebt werden kann, müssen natürlich an allen Enden Prozesse angepasst werden.

Auch eine Reihe von begleitenden Massnahmen wird nach und nach umgesetzt:

Als erstes Schweizer Unternehmen dieser Grösse führen wir die Du-Kultur konsequent ein. Auch in Stellenausschreibungen und im Bewerbungsgespräch. Studien zeigen, dass weniger Fehler passieren, wenn man sich duzt.

«Ich werde nie wieder für eine Firma arbeiten, **die ihre Mitarbeitenden siezt.***»*

Wir begleiten die Kandidaten heute besser und informieren sie transparent. Ausgewählte Inserate und Vorstellungsgespräche werden durch informative Job-videos ergänzt. Die Räume des neuen Recruiting Center in Bern sind bei vielen Liebe auf den ersten Blick – «Ja, hier will ich arbeiten».

Und auch intern hat sich vieles geändert, angefangen beim Bewusstsein um die Wichtigkeit der Bewerber bis hin zu einer neuen strategischen Ausrichtung, die auf einer Story basiert. Das Management spricht heute beim Thema Recruiting über eine Story statt nur über Messkriterien.»

AUS DER PRAXIS

KAPITEL 5

SINNE UND UMGEBUNG

Warum finden unproduktive Sitzungen vor allem in langweiligen Sitzungszimmern statt? Räume haben einen starken Einfluss auf uns. Sie beeinflussen unsere Befindlichkeit, unser Verhalten und sogar die Regeln und Interaktionen zwischen den Menschen. Letztlich sind sie Arbeitsinstrumente, die als zukunftsorientierte Arbeitsumgebung die Innovationskraft fördern, indem sie Zusammenarbeit, agile Entwicklungsmethoden und informellen Wissensaustausch unterstützen. Und wenn wir die Arbeitsumgebung so gestalten, dass sie Werte, Normen und Strategien erlebbar machen, werden sie zu wirksamen Katalysatoren einer zukunftsfähigen Unternehmenskultur.

Arbeitsräume, welche weder funktionalen noch emotionalen Ansprüchen genügen, werden von Mitarbeitenden immer weniger akzeptiert. Früher ging man täglich ins Büro, weil die nötige Infrastruktur nur dort zur Verfügung stand. Mit zunehmender Digitalisierung und Vernetzung können viele Berufsgruppen problemlos ortsunabhängig arbeiten. Sei es zu Hause,

ARBEIT
ist kein Ort, sondern
eine Vielzahl von
TÄTIGKEITEN

in einem Café oder an einem beliebigen geteilten Arbeitsplatz. Arbeit ist nicht mehr ein Ort, an den man geht, sondern eine Vielzahl von Tätigkeiten.

Trotzdem verliert das Büro im Unternehmen nicht an Bedeutung. Im Gegenteil. Mitarbeitende wollen Zugehörigkeit erleben und suchen den Austausch mit Kollegen. ***Je mehr man Zuhause arbeitet desto wichtiger wird auch die soziale, sinnstiftende Komponente der Arbeitsumgebung.*** Unternehmen wollen im Grunde das Gleiche. Ihre Mitarbeitenden sollen sich dem Unternehmen zugehörig fühlen und ins Büro kommen, weil intensive Zusammenarbeit und informelles Zusammentreffen die Innovationskraft und Zugehörigkeit stärken.

Der Arbeitsraum behält also seine Aktualität, sofern er sinnvoll gestaltet ist. Sinnvoll heisst in diesem Zusammenhang unter anderem: Er steigert Produktivität, fördert Innovation, ermöglicht Austausch, stiftet Identifikation und sorgt für Motivation. Moderne Arbeitsumgebungen unterstützen nicht nur die Ausübung verschiedener Tätigkeiten optimal, sondern berücksichtigen auch unterschiedliche Denkweisen und Temperamente. «One size fits all» ist längst überholt. Ein Arbeitsort, der auf extrovertierte Menschen motivierend wirkt, kann bei introvertierten Menschen das Gegenteil bewirken und umgekehrt. Ausserdem erfordern neue Arbeitsmethoden neue Arbeitsumgebungen. Wer isoliert in einer grauen Box sitzt, wird kaum zusammen mit seinen Kollegen oder Kunden die nächste Innovation fürs Unternehmen aushecken. Die Arbeitskultur und mit ihr die Arbeitsumgebung hin-

ken der Entwicklung hinterher. Sie verharren in postindustriellen Formen und Messwerten und vermitteln das Gegenteil der erwünschten Haltung.

In Zeiten, in denen Routinearbeit und lineares Denken zunehmend von Computern und Robotern übernommen werden, stellen Kreativität und Vorstellungsvermögen wachstumsrelevante Kompetenzen für ein Unternehmen dar. Arbeitsraumgestaltung, die effektiv sein will, muss diese Entwicklung berücksichtigen.

Die Qualität der Arbeitsumgebung gewinnt auch an Wichtigkeit, wenn man an den oft zitierten «War of Talents» denkt. Ein Viertel aller Schweizer Unternehmen bekundet heute schon Schwierigkeiten, genügend hoch qualifizierte Mitarbeitende zu finden und zu halten. ***Die jungen Talente sind oft Digital Natives, die sich ungern mit altbackener Software ausgerüstet in grauen Büros verstauen lassen.*** In einem coolen Büro zu arbeiten, ausgerüstet mit modernen Methoden und Tools, ist ein Statussymbol und stärkt die Identifikation mit dem Arbeitgeber.

Wenn Mitarbeitende am Wochenende mit ihrer Familie und den Freunden stolz Rundgänge im Büro veranstalten, wenn die Raumgestaltung zum Rekrutierungsinstrument wird, wenn sich andere Firmen vom Beispiel inspirieren lassen und Fachpresse und Social Media darüber berichten, sind dies Zeichen, die den beschrittenen Weg bestätigen.

BRAINGYM

WIE RÄUME DIE UNTERNEHMENSKULTUR GESTALTEN

Gebäude und Räume sind das Erste, was man von einem Unternehmen wahrnimmt – zumindest ausserhalb der digitalen Welt. Shops, Räume für Bewerbungsgespräche, Büros, Sitzungszimmer für Meetings mit Kunden und Partnern machen die Grundüberzeugung eines Unternehmens spür- und erlebbar. Und doch werden Räume als Kommunikationsträger meist wenig bewusst genutzt.

Im Jahr 2008 gestaltete Swisscom zum ersten Mal einen Raum nach Human Centered Design-Methodik – das BrainGym entstand auf 1500 m² in einer alten Posthalle mitten in Bern und wirbelte das Unternehmen durcheinander. Heute ist es ein Aushängeschild. Im Jahr 2016 entwickelt Swisscom die Bürowelt 2020 und will die Unternehmenskultur auch mittels Räumen weiterentwickeln. Hierfür arbeiten die Abteilungen Immobilienmanagement und HCD eng zusammen.

IM GESPRÄCH

Karin Hilzinger,
Human Centered Design,
Swisscom (Schweiz) AG

Jöri Engel,
Corporate Real Estate
Management,
Swisscom AG

AUS DER PRAXIS

Jöri, viele Unternehmen haben Einzelbüros abgeschafft, so auch Swisscom. Wie sehen die Arbeitsplätze von morgen aus?

Jöri Engel: Von den Einzelbüros haben wir uns schon 2005 verabschiedet. Wir haben damals vorausgesehen, dass wir immer mobiler werden. Heute gibt es kaum noch Festnetztelefone und fest installierte Computer im Unternehmen. Und wir arbeiten in Grossraumbüros mit geteilten Arbeitsplätzen: Die Mitarbeitenden suchen sich den Arbeitsplatz in ihrem Büro täglich frei aus.

Seitdem wir dieses Konzept eingeführt haben, hat sich die Erde weitergedreht. Unsere Mitarbeitenden, Führungskräfte und auch Partner sind hochmobil und haben neue Bedürfnisse – diese müssen wir nun aufnehmen und die Flexibilität weiter erhöhen. 2005 hat nur die Optimierung von Fläche und Kosten im Vordergrund gestanden.

Wie genau haben sich die Bedürfnisse verändert?

JE: Wer in einem Grossraumbüro arbeitet, muss auch in Ruhe telefonieren und sich mit Kollegen zu Sitzungen und für Projektarbeit treffen können.

Die Zusammenarbeit ist heute viel vernetzter. Projektteams arbeiten anders und wünschen sich Projekträume, in denen sie mit Post-its und Pinnwänden arbeiten, Plakate zeichnen, alles hängen lassen und am nächsten Tag gleich weiterarbeiten können. Mit mehr «normalen» Sitzungszimmern treffen wir nicht das Hauptbedürfnis unserer Kolleginnen und Kollegen.

AUS DER PRAXIS

Im Projekt Bürowelt 2020 widmen wir uns den Räumen der Zukunft. Wir denken über neue Möglichkeiten nach und suchen nach einem Konzept, das wir lebendig und aktuell halten können. Schliesslich wissen wir nicht, was in den nächsten 15 Jahren passiert, müssen aber Gebäude für diese Zeit bauen, Elemente definieren und standardisieren.

Kannst du schon verraten, in welche Richtung es gehen wird?

JE: Die klassische Desksharing-Quote wird verschwinden, damit meine ich die Doppelbelegung von Einzelarbeitsplätzen. Es wird in vielen Arbeitsbereichen immer mehr attraktive, grosse Tische geben – lange Tische, an denen Mitarbeitende manchmal 80 Zentimeter Arbeitsraum zur Verfügung haben und manchmal zwei Meter. Sie werden das okay finden, weil sie dafür flexibel sind, sich spontan mit Kollegen treffen und austauschen oder im «Silent Office» arbeiten können. Das Silent Office ist eine Idee, die im neuen Konzept mitschwingt, genauso wie der «White Space» – Abteilungen sollen einen Teil ihrer Fläche selbst gestalten können. Es ist wichtig, dass die Mitarbeitenden mitbestimmen können, auch wenn sie sich nur die Farbe ihres Stuhls aussuchen können.

Karin, im BrainGym haben Mitarbeitende nicht nur die Farbe eines Stuhls ausgewählt, sondern gleich einen Stuhl von zuhause mitgebracht.

Karin Hilzinger: Genau. Alle Möbel im BrainGym sollen eine Geschichte erzählen. Ausserdem hat das Geld gefehlt, als wir das BrainGym 2008 entwickelt haben.

«*Wenn Mitarbeitende an einem Freitagnachmittag nach einem externen Meeting Lust haben* **nochmal ins Büro zu kommen, statt ins Home Office zu fahren,** *haben wir vieles richtig gemacht.*»

Jöri Engel, Corporate Real Estate Management, Swisscom AG

AUS DER PRAXIS

Wie ist es zum BrainGym gekommen?

KH: Das BrainGym ist die räumliche Interpretation des Ziels, die Lern- und Innovationskultur zu fördern. Es hat eine Signalwirkung, welche eine neugierige Denke innerhalb von Swisscom zeigt. Es ist ein Angebot für Mitarbeitende, wo man sich hierarchielos trifft und einen respektvollen, offenen und neugierigen Umgang miteinander übt.

Wie hat das Management auf die Guerilla-Aktion reagiert?

KH: Irritiert. Das Brocki-Ambiente mit Holztischen und -stühlen und vor allem der bunte Teppich haben für Aufregung gesorgt. Ein Mitglied des Topmanagements hat sich anfangs geschämt, mit Bankkunden an eine Sitzung ins BrainGym zu kommen. Daraufhin haben wir intensiv diskutiert und erklärt, warum wir den Raum so gestaltet haben. Der Widerstand hat sich mittlerweile mehrheitlich gelegt. Heute ist das Braingym ein Aushängeschild für die moderne, innovative Swisscom. Der Welcome Day für neue Mitarbeitende findet regelmässig hier statt, und auch Bewerbungsgespräche. Ich habe schon von Bewerbern gehört, dass der räumliche Rahmen sie davon überzeugt hat, dass Swisscom ein cooles Unternehmen ist und sie beeinflusst hat Teil sein zu wollen. Auch findet hier zweimal jährlich unser Customer Experience (CX) Day statt, bei dem wir auch Vertreter namhafter Banken von In- und Ausland zu den Teilnehmern zählen.

Das BrainGym gilt heute als wichtige, erwünschte Facette von Swisscom. HCD ist der Katalysator dafür gewesen.

AUS DER PRAXIS

Raumgestaltung gilt oft als Geschmacksfrage. Wie steht ihr dazu?

KH: ***Wenn wir Räume neu gestalten, geht es nicht um schöne Möbel, sondern darum, nicht Sichtbares sichtbar zu machen.*** Über Innovation und kreatives, kundenorientiertes Denken kann man zwar sprechen, aber man sieht es nicht. Hier helfen Räume, die provozieren, fordern und fördern. Sie unterstützen Ziele sichtbar: Plötzlich kann man etwas Abstraktes anfassen, man kann sich reinsetzen.

JE: Am Anfang steht die Frage, was in einem Raum passieren soll. Wir haben die Verantwortung, Räume zu realisieren, die eine Wirkung erzielen, und keine, die gefallen. Das Mobiliar selbst, die gewählte Marke, ist dann oft eine persönliche Präferenz.

KH: Wenn die Mehrheit der Leute einen Raum, den wir gestaltet haben, einfach nur hübsch finden, dann haben wir etwas falsch gemacht. Denn es muss immer auch einen unbequemen Teil geben, der zu Diskussionen und Reflektionen auffordert. Für mich sind Räume wie eine gute Schwangerschaftsjeans: Sie muss zwar gut aussehen und passen, aber sie muss auch Raum lassen für Wachstum. Räume müssen Menschen die Möglichkeit geben, in sie hineinzuwachsen. ***Man kann Räume einfach modernisieren, aber das ist nicht unser Ziel. Wir möchten die Arbeitskultur der Zukunft zeigen,*** zum Beispiel mit dem Red Room, welcher ohne Tische die Nutzung von Laptops während Entscheidungsmeeting verhindert. Die Qualität der Diskussionen steht im Vordergrund und diese wird durch die Einrichtung gefördert.

Für mich sind Räume für Veränderungen wie eine Schwangerschaftsjeans: Sie muss zwar gut aussehen und passen, aber sie muss auch Raum lassen für Wachstum. **Räume müssen Menschen die Möglichkeit geben, in sie hineinzuwachsen.»**

Karin Hilzinger, Human Centered Design, Swisscom (Schweiz) AG

AUS DER PRAXIS

JE: Für die Entwicklung der Bürowelt 2020 setzen wir auf Co-Creation mit Architekturbüros. ***Wir wollen früh Protoypen entwickeln und testen, wie sie ankommen.*** Dafür nutzen wir bei einer Abteilung eine Fläche für Pilotierungen und können so direkt bei den Betroffenen testen, wie sie ankommen. Dann muss das Konzept standardisiert und skaliert werden, um tiefere Kosten und stabilere Modelle zu haben.

KH: Es geht um die Förderung von einer agilen, kreativen Art zu arbeiten und nicht darum, einen Raum schöner zu machen. Zu oft spricht man nur über Farben und Möbel und nicht über die Veränderung im Verhalten, die man anstossen möchte.

Wir beraten auch andere Unternehmen zu Human Centered Design in der Arbeitsplatzgestaltung. Ein Beispiel aus der Praxis: Eine Firma will den Empfangsbereich am Hauptsitz verändern. Heute gibt es lieblose Wartezonen und keine Kundentoilette. Kunden müssen Vertrauliches mit einer Mitarbeiterin hinter Sicherheitsglas besprechen. Mag diese Firma ihre Kunden?

Für mich geht es zuerst darum, zu verstehen, warum die Firma etwas verändern will. ***Welches Erlebnis sollen Kunden und Mitarbeitende in ihren Räumen haben?*** Für eine Firma sind diese Fragen unbequem, denn sie haben weitreichende Konsequenzen – es geht um die Denkweise und Geisteshaltung, um die Rollen der Mitarbeitenden, die Wertschätzung der Kunden und vieles mehr. Diskussion um Veränderungen ist wichtig, denn auch ein gut durchdachter Raum alleine hat kaum die gewünschte, nachhaltige Wirkung. Es

Der Bedarf an alternativen Arbeitsumgebungen wurde erkannt

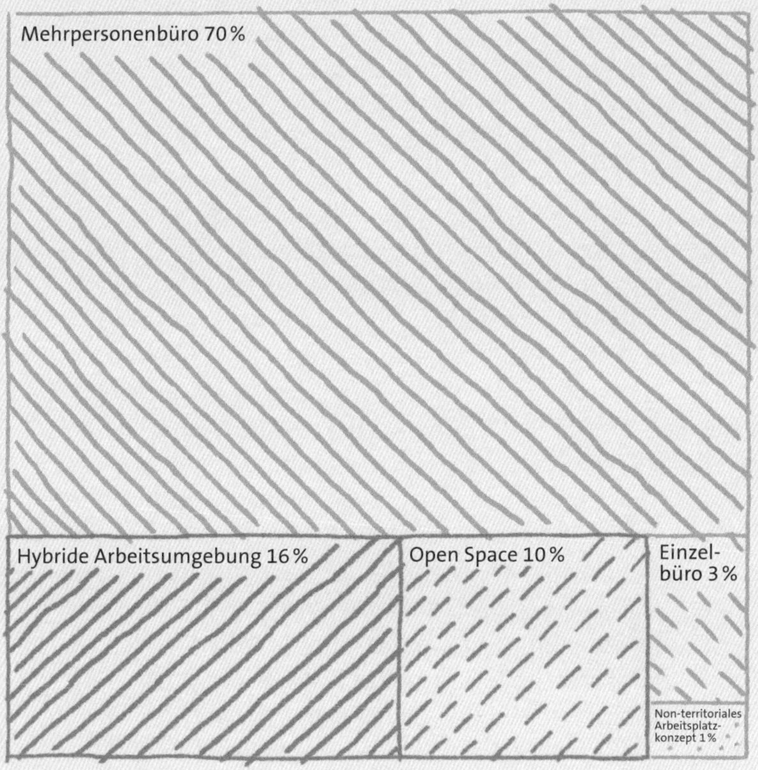

Auch wenn die Mehrpersonenbüros noch in der Mehrheit die F&E-Bürostruktur bestimmen – die hybride Arbeitsumgebung und die Open Space-Flächen sind im Kommen und machen immerhin schon einen Viertel der Raumverhältnisse aus.

Quelle: Tagwerker-Sturm, Maria, 2012

AUS DER PRAXIS

braucht Mitarbeitende und Führungskräfte, die die Denke vorleben, einfordern oder provozieren.

Wie messt ihr die Wirkung von Räumen?
KH: Bisher nur qualitativ. Wir sind noch auf der Suche nach einem System zur Produktivitätsmessung, das über die subjektive Einschätzung hinausgeht. Heute arbeiten wir vor allem mit Umfragen.

JE: Im Projekt Bürowelt 2020 arbeiten wir mit dem arbeitspsychologischen Institut der FH Nordwestschweiz zusammen und hoffen, einen Schritt nach vorne machen zu können. Wir sind überzeugt, dass sich ein gutes Raumangebot sowie die Raumgestaltung nachweisbar positiv auf die Mitarbeitenden auswirkt.

KH: Unmotivierte, unengagierte Mitarbeiter kosten auch Geld – mehr als ein paar Stühle. Früher war das Ziel primär, Geld und Fläche zu sparen. Heute sehen wir Raumgestaltung als strategisches Instrument an. Es kann sogar sein, dass wir die Fläche nicht reduzieren, sondern sie besser nutzen. Wirtschaftlichkeit im Zusammenhang mit Arbeitsräumen heisst auch, die Produktivität der Mitarbeitenden optimal zu unterstützen und so Gewinn zu erzielen.

Arbeitsräume als Katalysatoren von Innovation

Delphi-Befragung von 136 ausgewählten Experten aus Wirtschaft, Wissenschaft, Verbänden und Politik zu folgenden Thesen:

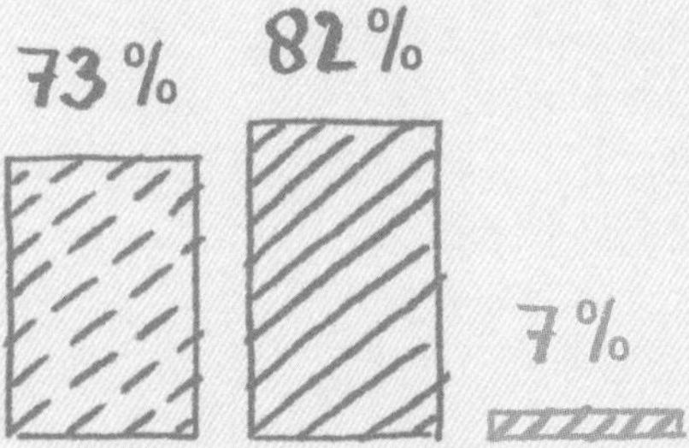

Nur Unternehmen, die Kreativität und Erfahrung massiv stimulieren und honorieren, sind auf Dauer wirtschaftlich erfolgreich.

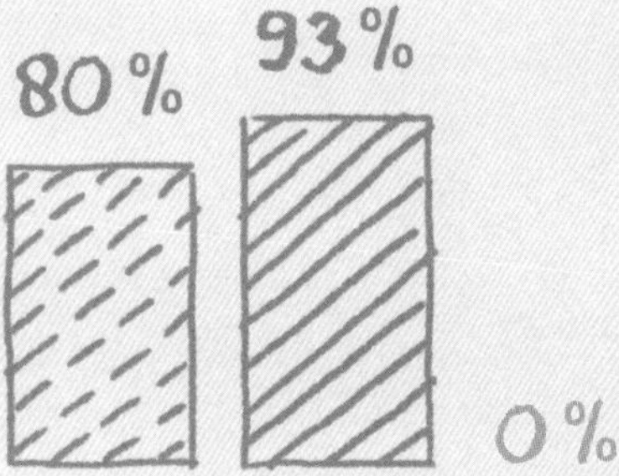

Kreative und komplexe Zusammenhänge visualisieren und bearbeiten wir an grossflächigen, berührungssensitiven, digitalen Oberflächen.

- Zustimmung bis 2025
- Zustimmung bis 2030
- Ablehnung der These (Anteil «Nie» in Prozent)

Bürogebäude in Form intelligenter, technologiebasierter und maximal medial unterstützter Arbeitsumgebungen, spielen in einer virtualisierten Arbeitswelt eine essenzielle Rolle. Mitarbeitende identifizieren sich über die Büroräume mit der Organisation, die Räume sind wichtig bei der Entwicklung und Bündelung der Innovationskraft; sie sind Schnittstelle virtueller und realer Welt bei produktiven und kreativen Prozessen.

Quelle: Fraunhofer IAO, 2016

AUS DER PRAXIS

Silent Office – ein Raum für ruhiges, konzentriertes Einzelarbeiten

- Pulte mit akustischer und optischer Abschottung.
- Altmodische Tischleuchten, abgedunkelte Wände, gefiltertes Tageslicht, Bücherwand-Tapete erinnern an eine Bibliothek, in der man es gewohnt ist, still zu arbeiten.
- Spielregeln: maximal einen halben Tag zu nutzen, keine Telefonate, keine Meetings.

White Space – Fläche zum Selbstgestalten

- 10 Prozent der Fläche, die eine Abteilung zur Verfügung hat, werden nicht geplant.
- Die Mitarbeitenden entscheiden selbst, was sie mit der Fläche machen.
- Sofagruppe mit Kaffeemaschine? Eine Wand mit Kunden-Insights vom Forschungsteam? Eine kreative Interpretation von Studienresultaten? All das ist möglich.

AUS DER PRAXIS

Red Room – der andere Raum für Entscheidungen

- Ein typisches Entscheidungsmeeting: eine Person präsentiert; alle anderen sitzen hinter ihren Laptops am Tisch und hören mehr oder minder zu.
- Im Red Room gibt es dagegen keine Tische mehr, man sitzt im Kreis, es gibt also keine Ablagefläche für Laptops, die Aufmerksamkeit liegt auf den Menschen und ihren Themen.

Business Campus – willkommen zuhause bei Swisscom

- Ein Gebäude ohne Rezeption.
- Grosskunden werden persönlich von ihrem Swisscom Kontakt empfangen.
- Die Sitzungszimmer erinnern an Wohnzimmer – das sorgt für eine entspannte Stimmung, für Offenheit gegenüber Neuem.

AUS DER PRAXIS

AUS DER PRAXIS

AUF WIEDERSEHEN, TICKETAUTOMAT!

Ein Shop ist heute viel mehr als nur ein Verkaufspunkt. Er ist ein Aushängeschild für Unternehmen, macht die Marke erlebbar und bietet die Möglichkeit, Kunden im persönlichen Kontakt zu begeistern. Die Kunden finden im Shop kompetente Beratung, im besten Fall Inspiration.

Ein erfolgreiches Shop-Konzept zu ändern, braucht Mut. Und einen guten Grund. Als das bestehende Konzept am Ende seines Lifecycle ankommt, beschliesst Swisscom, alles anders zu machen. Ein Schritt der gut überlegt sein möchte, wenn man berücksichtigt, dass es sich um über 120 Shops mit der entsprechenden Anzahl von Mitarbeitenden, Kundenkontakten und zufriedene Kunden handelt. Wer ein erfolgreiches Konzept hinterfragen und ersetzen will, muss dies aus einer Position der Stärke tun. Wenn er noch rechtzeitig dran ist und nicht unter Druck steht.

«

Wie können wir überhaupt die Aufmerksamkeit der Shop-Besucher erreichen? Eine Antwort auf diese Frage kommt aus der modernen Wahrnehmungspsychologie: **Der Mensch bildet in seinem Kopf nicht die Wirklichkeit ab, sondern er konstruiert sie auf der Grundlage eigener Erwartungen und Erfahrungen.** *Im Projekt haben wir das Ziel verfolgt, die kognitive Anstrengung für Shop-Besucher zu verringern. Dabei helfen zum Beispiel die richtigen Farben, Materialien und das entsprechende Kommunikationsdesign.»*

Oliver Stein , Human Centered Design, Swisscom (Schweiz) AG

AUS DER PRAXIS

BANEARS
Herbst-
kollektion
Smartphone
XL

AUS DER PRAXIS

Projekt Campus-Shops: Drei Ziele

- Finanziellen Mehrwert schaffen.
- Die Marke Swisscom erlebbar machen.
- Mitarbeitende begeistern, damit diese motiviert ihre Begeisterung an die Kunden weitergeben können.

Projekt generell

Offenes Ende

Früher hat man ein Projekt auf dem Papier durchdesignt. Als das Projekt Campus-Shops 2010 startet, ist vieles noch offen – Projektdauer, Zwischen- und vor allem Endergebnisse – dementsprechend gab es in Teilen des Managements Vorbehalte.

Daily Business

Der Transfer der dynamischen Projektmentalität und des Human Centered Design-Denkens ins Daily Business gestaltet sich nach Projektende nicht einfach. Die grosse Frage: Wie vermeidet man es, in alte Muster zurückzufallen?

Kundenerlebnis

14 Prototypen

Das Kundenerlebnis wird iterativ entwickelt. In 14 Prototypen-Shops werden über 50 Themen pilotiert: Reparaturecke, Learning Kitchen, Shop ohne IT, Sushi-Bar – das alles hat man getestet. Übrigens: Protyping kostet, ist aber über den Lifecyle gesehen günstiger.

AUS DER PRAXIS

Tagebuch schreiben

Menschen tun vieles unbewusst, und auch in Kundenbefragungen fällt vieles unter den Tisch. Darum führen Kunden nun Tagebuch über ihr Einkaufsverhalten und gestalten eine Collage zum optimalen Shoppingerlebnis, aus der im Projekt die Vision abgeleitet wird.

....

Neu im Shop

Ticketautomat

+ Sorgt für faires Schlangestehen, ist effizient und den Kunden bekannt.

– Verursacht Passivität, stört das Markenerlebnis, erschwert die Produktinszenierung.

Wir wollten einen bewussten Bruch zu den technischen Elementen und Produkten in unseren Shops. Haptik ist so ein Bruch. Digital Citizens wollen stöbern, anfassen und sich inspirieren lassen, statt konzentriert darauf zu warten, dass ihre Nummer aufgerufen wird. In den neuen Campus-Shops steht kein Ticketautomat mehr. Ein Floor-Manager begrüsst die Kunden und kümmert sich um den Kundenfluss.

Möbel aus Holz

Das natürlich und warm wirkende Mobiliar bildet nur die Spitze des Eisbergs; viele für Besucher unsichtbare kleine Räder müssen ineinandergreifen, damit das neue Shop-Konzept funktioniert. Dennoch sind die Möbel das, was auffällt und diskutiert wird.

AUS DER PRAXIS

Mitarbeitende

Wie reagieren die Shop-Teams auf das neue Konzept? Die Teammanager müssen die Shop-Flächen jetzt deutlich intensiver managen. Das Campus-Konzept hat Einfluss auf jeden Mitarbeitenden. Pro Shop werden zwischen einer und drei Wochen in die Schulung der Teams investiert.

Floor-Manager

Da der Ticketautomat gestrichen ist, kümmert sich ein Floor-Manager um den Kundenfluss und sorgt dafür, dass Kunden ihre freie Zeit im Shop geniessen können, bevor sich ein Berater um sie kümmert.

Näher beim Kunden

Statt Kunden hinter einem Bildschirm am Tresen zu bedienen, sind die Shop-Teams neu mit Tablets ausgestattet und mobil. So sind sie dem Kunden viel näher, was auch ein Thema im Verhaltenstraining ist. Führt der Umgang mit dem Tablet zu einer körperlichen Belastung? Auch das wird untersucht.

AUS DER PRAXIS

Roll-out

Roll-out

Das Campus-Konzept wird in über 120 Swisscom Shops in der ganzen Schweiz eingeführt – ab 2012 startet das Roll-out. Pro Jahr werden rund 50 Shops umgerüstet.

Fotostar

Nach Einführung des Campus-Konzepts wurden die Ziele erreicht. Der Absatz steigt, und das Markenerlebnis wird besser bewertet. Auch steigen die Kunden- und Mitarbeiterzufriedenheit, wenn auch nur gering, dafür aber auf sehr hohem Niveau. Die neuen Shops avancieren zum Fotostar: Diverse europäische Telkos fotografieren die Shops als Inspiration und informieren sich über das Konzept.

Zukunft

Wie weiter?

Auch ein erfolgreiches Konzept kann stagnieren. Darf es aber nicht. Die verantwortlichen Mitarbeitenden sind befähigt, es laufend weiterzuentwickeln. Die Herausforderung: Sich auch im Daily Business den Freiraum schaffen, das Konzept und Kundenerlebnis weiterzuentwickeln.

«*Wie sieht der Campus-Shop der Zukunft aus? In der Weiterentwicklung des Shop-Konzeptes werden wir* **intensivere und interaktive Kundenerlebnisse vermitteln und ermöglichen. Dazu setzen wir gezielt auf die Methode des Prototyping.**»

Alexandra Divoky, Head of Retail Marketing, Residential Sales, Swisscom

AUS DER PRAXIS

KAPITEL 6

MESSEN UND DARAUS LERNEN

In jedem Unternehmen wird früher oder später die Frage nach Kennzahlen gestellt. Meistens früher. Neben Profit, Umsatz und Wachstum stellen sich immer mehr Unternehmen die Fragen: Was bringt Innovation? Wie messen wir Kundenerlebnisse oder kreative Zusammenarbeit? Und wie kommen sie uns zugute? Diese Fragen haben natürlich ihre Berechtigung. Doch oft verbergen sich dahinter Unsicherheit und das Bedürfnis der Kontrolle von Unbekanntem. Und so kann eine allzu verbissene Fixierung auf Kennzahlen jedes noch so junge Innovationspflänzchen zum Ersticken bringen. Oder Zahlen, wenn sie sich auf das Falsche beziehen, können uns in einer trügerischen Sicherheit wiegen. Deswegen ist es wichtig, das Kundenerlebnis und die Kundenzufriedenheit immer im Fokus zu behalten.

Und dies gelingt nur, wenn Unternehmen von ihren Kunden kontinuierlich Feedback zu ihrer Arbeit einholen, dieses analysieren und intern an die richtigen Stellen verteilen. Basierend auf dem Feedback können sie konkrete Verbesserungsmassnahmen einleiten und

WAS MAN NICHT MESSEN KANN, KANN MAN NICHT LENKEN.

dann wiederum den Effekt der Massnahmen durch Feedback überprüfen. So ergibt sich eine kontinuierliche Feedbackschleife, über die schrittweise immer bessere Kundenerlebnisse entstehen.

Dieses Bild wird vervollständigt, wenn alle Mitarbeitenden mit einbezogen werden. Von ihnen können Unternehmen lernen, wie stark die Voraussetzungen für kundenorientiertes Arbeiten im Unternehmen schon vorhanden sind. Aber auch, wo noch Verbesserungspotenzial bei der internen Zusammenarbeit und bei der Führung von Teams und Personen besteht. Letztlich können wertvolle Kundenerlebnisse nur von Mitarbeitenden geschaffen werden, die zufrieden, engagiert und von Kopf bis Fuss auf den Kunden ausgerichtet sind.

Mit der Vorgehensweise der kontinuierlichen externen und internen Feedbackschleifen können Unternehmen auch lernen, welche Investitionen in Kundenerlebnisse und Organisationsentwicklungen wirkungsvoll sind. So werden diese zu selbstlernenden Organisationen, die über die Zeit immer bessere Kundenerlebnisse schaffen, welche wiederum die Basis für den langfristigen Unternehmenserfolg sind.

Um einen Eindruck zu bekommen, wie auf der einen Seite Kunden Produkte und Services erleben und auf der anderen Seite die Mitarbeitenden ihr Arbeitsumfeld beurteilen, verwenden Unternehmen sogenannte Key Performance Indicators (KPI). KPI ermöglichen es den Unternehmen, ihre Leistungen und Entwicklungen quantitativ zu beurteilen, sowohl über die Zeit als auch im Vergleich zu anderen

KPI bei Swisscom
MITARBEITENDE (INNEN)
KUNDE (AUSSEN)
UNTERNEHMEN (STRATEGISCH)
CUSTOMER CENTRICITY SCORE (CCS)
NET PROMOTER SCORE (NPS)
INDIVIDUUM (OPERATIV)
MITARBEITER-ENGAGEMENT (PULSE)
DIVERSE KUNDEN-KONTAKT KPI (KuZu, KoQu, CuSu)
messen
lernen
verbessern

Firmen. Sie geben Aufschluss über die Erreichung von strategischen und operativen Zielen und erlauben es, Schwachstellen aufzudecken. Allerdings werden meist wichtige Bereiche in der Messung nicht berücksichtigt. So zum Beispiel die Art der Zusammenarbeit im Unternehmen oder das Erlebnis des Kunden. Dabei wäre es besonders wichtig, auch die Kundenzentrierung im Unternehmen (innen) und ihre Auswirkung beim Kunden (aussen) zu messen und über Anreize auch konkret zu fördern.

Messen und daraus lernen geschieht nicht durch Zufall. Es braucht ein tiefes Verständnis für das, was gemessen werden soll, und eine umfassende Kenntnis über den richtigen Umgang mit Messungen im Unternehmen. Auf dieser Basis wird ein solides Messvorgehen erarbeitet und letztlich die konsequente und kontinuierliche Umsetzung des Lernprozesses gestaltet. So verhindern wir eine Flut von Kennzahlen, bei der jeder Mensch irgendwann den Überblick verliert.

Nachdem wir die Zahlen bewertet, ein Massnahmenpaket definiert und dieses umgesetzt haben, muss wieder gemessen werden. Das Spiel fängt also von vorne an. Das Messen (Daten erheben), Lernen (Erkenntnisse gewinnen) und Verbessern (Massnahmen umsetzen) bildet ein kontinuierliches Feedbacksystem und die Grundlage eines zielgerichteten Einsatzes der Kennzahlen. So lassen sich Veränderungen über die Zeit gut beobachten und Verbesserungen aktiv steuern.

AUS DER PRAXIS

KUNDENERLEBNISSE MESSEN

Stephan Engl und Petra Hutter,
Human Centered Design,
Swisscom (Schweiz) AG

Können Kundenerlebnisse gemessen werden? Ja, aber ganz einfach ist es nicht, denn dazu muss man zuerst verstehen, was der Kunde beim Kontakt mit Swisscom erlebt. Am Beispiel der Swisscom Shops erläutern wir, wie sich Kundenerlebnisse konkret messen lassen, so dass wir sie auf dieser Basis gestalten und weiterentwickeln können.

Dazu müssen wir zuerst im Detail verstehen, was der Kunde bei den Interaktionen mit Swisscom erlebt. Durch qualitative und quantitative Forschung können wir herausfinden, aus welchen Schritten das Erlebnis besteht und anschliessend messen, wie der Kunde die einzelnen Erlebnisschritte im Shop empfindet und welchen Einfluss die verschiedenen Erlebnisschritte auf die Kundenzufriedenheit und/oder die Wahrnehmung der Marke haben. Auf Basis dieser Messung können wir einen Dialog darüber führen, wo wir zukünftig etwas verändern wollen oder wo wir bereit sind Abstriche zu machen, um als Marke ein Profil zu prägen, das zu uns passt.

Die Ergebnisse der Forschung zeigen uns auf, wo unsere Hebel liegen, um Markenerlebnisse zu gestalten. Die unternehmerische Kreativität und den Mut, Neues auszuprobieren oder Altes anders zu machen, nimmt uns die Messung aber nicht ab.

Wie sind die Ergebnisse in der Grafik zu interpretieren?
Die Grafik teilt sich in drei Abschnitte auf: Im ersten Abschnitt (oben) seht ihr die übergeordneten Phasen, die ein Kunde während eines Swisscom Shop-Besuchs durchläuft (Attract, Welcome & Orientate usw.). Direkt darunter stehen, den jeweiligen Phasen zugeordnet, die konkreten Erlebnisschritte – beim Swisscom Shop insgesamt 28. Der Kunde durchläuft je nach Anliegen nicht bei jedem Shop-Besuch alle Erlebnisschritte, ebenso haben diese momentan 28 Erlebnisschritte nicht den Anspruch endgültig zu sein. Sie können und müssen aktualisiert werden, sobald Aspekte des Shop-Erlebnisses neu gestaltet oder fundamental geändert werden.

Im zweiten Abschnitt (in der Mitte) seht ihr zwei Kurven, die bei allen Erlebnisschritten einen Wert ausweisen. Diese Kurven stellen auf einer Skala von 0 bis 10 die Performance der Erlebnisschritte gemessen als Kundenzufriedenheit («Wie beurteilen Sie XY...?») dar. Die hellblaue Kurve beschreibt dabei das Erlebnis von Kunden, deren Anliegen im Shop gelöst werden konnte. Die violette Kurve beschreibt das Erlebnis von Kunden, deren Anliegen im Shop nicht gelöst werden konnte.

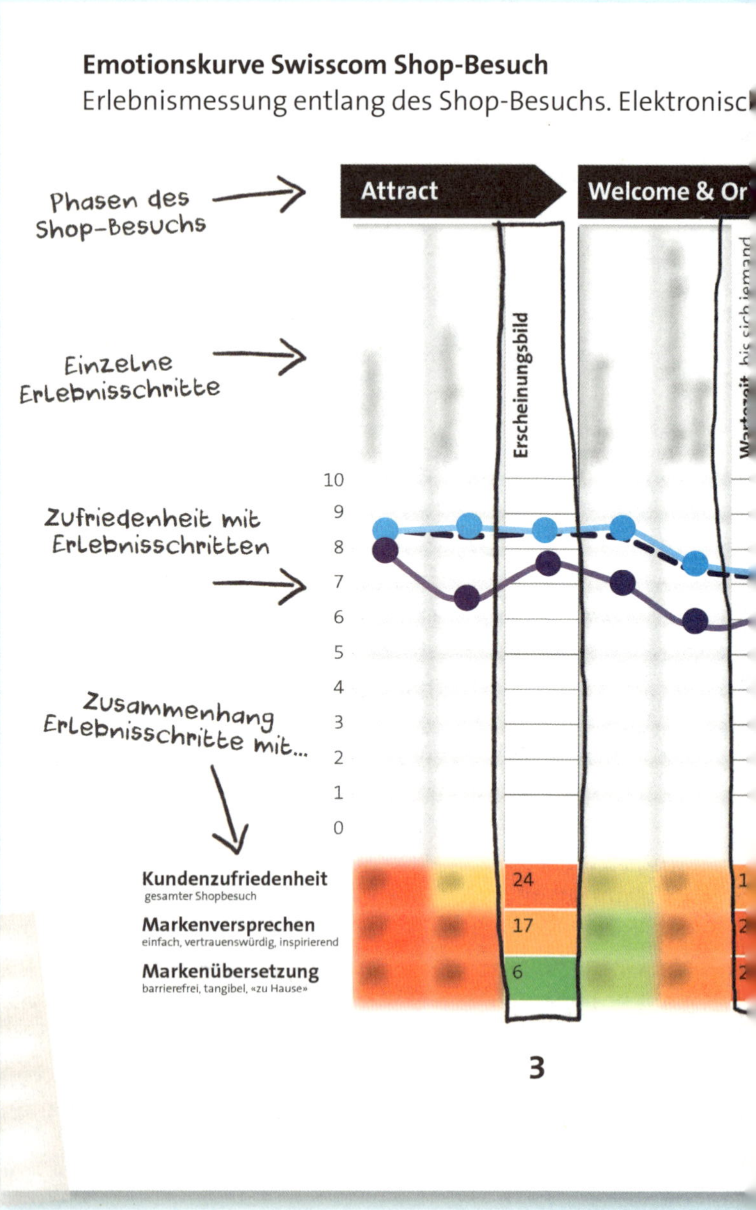
Emotionskurve Swisscom Shop-Besuch
Erlebnismessung entlang des Shop-Besuchs. Elektronisc
Phasen des Shop-Besuchs
Attract
Welcome & Or
Einzelne Erlebnisschritte
Erscheinungsbild
Zufriedenheit mit Erlebnisschritten
10
9
8
7
6
5
4
3
2
1
0
Zusammenhang Erlebnisschritte mit...
Kundenzufriedenheit
gesamter Shopbesuch
Markenversprechen
einfach, vertrauenswürdig, inspirierend
Markenübersetzung
barrierefrei, tangibel, «zu Hause»
24
17
6
3

ung August und September 2013. N = 825

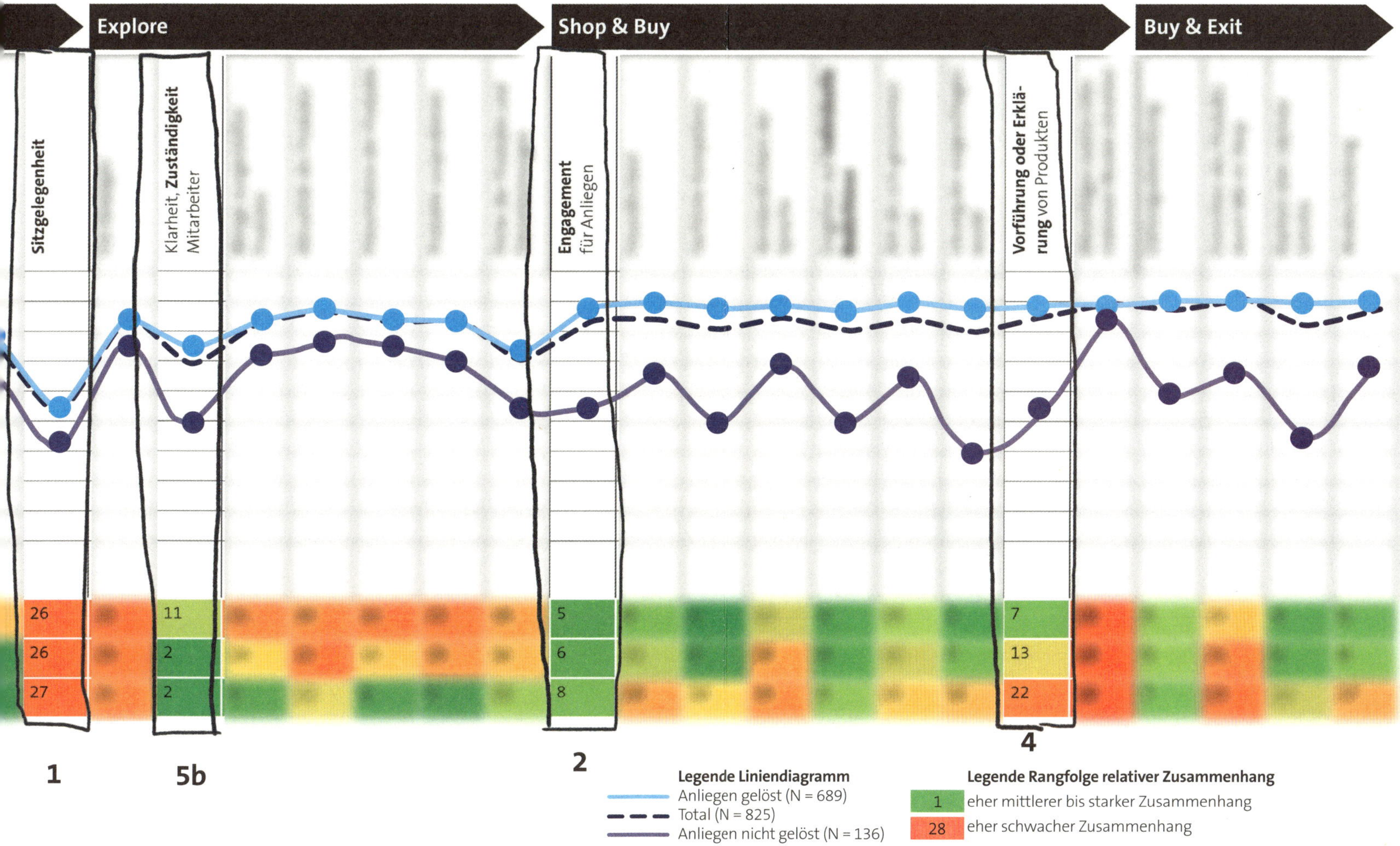

Im dritten Abschnitt (unten) seht ihr den Zusammenhang zwischen den einzelnen Erlebnisschritten und ...

... der Gesamtzufriedenheit mit dem Shop-Besuch,

... den zu einem Faktor zusammengefassten Markenattributen «einfach, vertrauenswürdig und inspirierend» und schliesslich

... der zu einem Faktor zusammengefassten individuellen Markenübersetzung des Swisscom Shop «barrierefrei, fassbar, zu Hause fühlen».

Die Stärke des Zusammenhangs wird durch eine Rangfolge und Farbcodierung von «1 grün» (starker Zusammenhang) bis «28 rot» (schwacher Zusammenhang) erklärt.

Wie lassen sich die Ergebnisse interpretieren?
Wie ihr sehen könnt, befinden wir uns bei den meisten Erlebnisschritten in der Erlebniskurve (Kundenzufriedenheit) auf einem sehr hohen Niveau. Diejenigen Kunden, deren Anliegen nicht gelöst werden konnte, erleben den gesamten Shop-Besuch etwas negativer (violette Linie) und manche Erlebnisschritte, die sich auf das «Nicht-Lösen» des Anliegens beziehen, sogar sehr viel negativer (fachliche Kompetenz, Eingehen auf individuelle Bedürfnisse, Lösung, die vorgeschlagen wurde). Insgesamt sind wir aber so gut, dass das Erlebnis ganzheitlich betrachtet kaum ein markantes Profil aufweist – es gibt wenig Ecken und Kanten in der Emotionskurve.

Lasst uns zusammen einige interessante Beispiele anschauen, die wir für euch jeweils in der Grafik angeschrieben haben:

1 | Die Sitzgelegenheiten werden von allen Erlebnisschritten am schlechtesten bewertet (mittlerer Abschnitt, Emotionskurve). Eigentlich würden wir jetzt überlegen, was wir machen können, damit wir hier besser werden. Aber sind die Sitzgelegenheiten überhaupt relevant? Schauen wir uns den Zusammenhang mit Kundenzufriedenheit und Marke an (unterer Abschnitt), dann sehen wir, dass die Sitzgelegenheiten weder mit Kundenzufriedenheit noch mit dem Markenversprechen oder der Markenübersetzung einen Zusammenhang aufweisen (niedrige Rangplätze, tiefrote Farbe). Es ist also «OK», wenn wir von den Kunden diesbezüglich nicht als toll erlebt werden. Hier dürfen wir Abstriche machen. Natürlich sollten wir trotzdem ein gewisses Level halten – wenn z.B. eine ältere Person, eine schwangere Frau oder jemand mit körperlicher Behinderung in den Shop kommt, sollten wir nach wie vor eine Sitzgelegenheit anbieten können.

2 | Beim Erlebnisschritt Engagement für das Anliegen des Kunden sieht der Sachverhalt umgekehrt aus: Es besteht ein starker Zusammenhang (tiefe Rangplätze, grüne Farbe) sowohl mit der Kundenzufriedenheit als auch dem Markenversprechen und der Markenübersetzung. Hier sollten wir uns bemühen, das Erlebnis auf hohem Niveau zu halten, da es sowohl einen Einfluss auf die Markenwahrnehmung als auch die Gesamtzufriedenheit hat. Bei diesen beiden Erlebnisschritten fällt die Interpretation leicht. Wie sieht es aber aus, wenn die Zusammenhänge nicht so eindeutig zu verstehen sind?

3 | Beim Erscheinungsbild des Shops gibt es kaum einen Zusammenhang mit der Kundenzufriedenheit per se, allerdings einen starken Zusammenhang mit der Markenübersetzung des Shops. Die Investition in das Erscheinungsbild der Swisscom Shops hat sich aus Markensicht also gelohnt, ein Einfluss auf die Kundenzufriedenheit besteht aber bei diesem Erlebnisschritt höchstens indirekt.

4 | Bei Vorführung und Erklärung von Produkten ist der Zusammenhang mit der Kundenzufriedenheit stark und jener mit der Markenübersetzung eher schwach. Würden wir hier Abstriche machen, dann hätte dies auf die Marke wahrscheinlich keinen allzu starken und direkten Einfluss, in der Kundenzufriedenheit würden wir aber recht schnell eine negative Auswirkung spüren. Es gibt also Erlebnisschritte, die in einem engen Zusammenhang mit der Marke und weniger mit der Kundenzufriedenheit oder umgekehrt stehen. Marke und Kundenzufriedenheit sind zwei Paar Schuhe und nicht alle Erlebnisaspekte betreffen beide Bereiche.

5a | Ein Erlebnisschritt, der immer wieder diskutiert wird, ist die Wartezeit. Wie ihr in der Grafik seht, ist der Zusammenhang mit der Marke aber auch mit der Kundenzufriedenheit eher gering. Aus Interviews mit Shop-Besuchern wissen wir, dass sich viele Kunden bewusst sind, dass zu Stosszeiten ein Shop-Besuch mit Wartezeiten verbunden ist. Allerdings werden die

Kunden unzufrieden, wenn sie den Eindruck haben, es würde unfair ablaufen, oder niemand würde sich um sie kümmern.

5b | Ihr seht das in der Grafik beim Erlebnisschritt Klarheit, Zuständigkeit der Mitarbeiter, bei dem der Zusammenhang mit der Gesamtzufriedenheit und der Marke stark (grün) ist.

Was heisst das für Entscheidungsträger?

Zusammenfassend kann gesagt werden: Sehr vieles von dem, was in den Shops neu umgesetzt wurde, steht in einem engen Zusammenhang mit der Marke. Die Swisscom Shops funktionieren und wir wissen jetzt noch detaillierter, wo die Hebel für die Marke im Kundenerlebnis liegen. Die Erlebnisschritte, welche die Interaktion zwischen Agent und Kunde beschreiben, stehen in einem starken Zusammenhang mit der Kundenzufriedenheit. Dort sind die Hebel, um die Kundenzufriedenheit stabil zu halten.

Wir müssen uns bewusst sein, dass uns die Messung lediglich den IST-Zustand des Shop-Erlebnisses hinsichtlich Kundenerlebnis, Marke und Kundenzufriedenheit aufzeigt. Sie hilft uns gezielter zu entscheiden, wo wir investieren wollen, um für den Kunden und die Marke bedeutungsvolle Highlights zu setzen und wo wir Abstriche hinnehmen können. ***Die Messung nimmt uns die unternehmerische Kreativität nicht ab, aber sie kann als Basis für bewusste Entscheide herangezogen werden,*** wo wir in unserem Profil im Markenerlebnis Akzente setzen wollen.

Beeinflussen oder verändern wir bewusst einzelne Erlebnisschritte, so können wir z.B. in einem Jahr erneut messen, um herauszufinden, ob diese Änderungen den erwünschten Effekt hatten. So können wir langfristig und nachhaltig Swisscom Markenerlebnisse an den Touchpoints gestalten und steuern.

AUS DER PRAXIS

CUSTOMER CENTRICITY SCORE – WENN WISSENSCHAFT, DESIGN UND WIRTSCHAFT ZUSAMMENSPANNEN

Glückliche Mitarbeitende = glückliche Kunden? Ganz so einfach ist die Gleichung nicht, die dem Customer Centricity Score zugrunde liegt. Aber fast. Denn Kundenorientierung kommt von innen und ist tief verankert in der Kultur eines Unternehmens. Alle Mitarbeitenden, auch diejenigen ohne direkten Kundenkontakt, haben Einfluss darauf, wie zufrieden Kunden sind. Sie bestimmen, wer eine emotionale Bindung aufbauen kann und letztlich zum treuen Fan eines Unternehmens wird. Inspiriert von dieser Erkenntnis, sind drei Herren zu Vätern geworden – sie haben aus einer Idee ein Baby geboren: den Customer Centricity Score (CCS). Dabei handelt es sich um den ersten empirisch entwickelten Indikator, der den Grad der Kundenzentrierung aller Mitarbeitenden eines Unternehmens ausweist.

VATER NR. 1

Prof. Jan-Erik Baars, Leiter Design Management, International BA, Hochschule Luzern

VATER NR. 2

Prof. Dr. Andreas Brandenberg, Institutsleiter, Institut für Kommunikation und Marketing IKM, Hochschule Luzern

VATER NR. 3

Stephan Engl, Human Centered Design, Swisscom (Schweiz) AG

VATER NR. 1

«Der Customer Centricity Score ist wie eine Anamnese beim Arzt – wir haben danach ein Gefühl, wo wir ansetzen können, **um die Fitness des Unternehmens zu erhöhen.»**

Unternehmen ganzheitlich stärken

«Wenn ich meinen Kleinwagen mit einem Turbomotor ausstatte und ihn dann anlasse, geht das wahrscheinlich schief, weil das Auto auf diesen Motor nicht vorbereitet ist. Genau der gleiche Effekt kann entstehen, wenn Unternehmen Human Centered Design einführen. Wenn das Unternehmen nicht vorbereitet ist, verpufft die Designkompetenz.

Ich vergleiche Unternehmen gerne mit einer Kette, die aus vielen kleinen Teilstücken geformt ist. Jede Kette bricht am schwächsten Glied, und darum bringt es nicht viel, nur ein einziges Glied zu stärken. Nur wenn alle Glieder stark sind, ist die Kette stabil.

Übertragen aufs Unternehmen nützt es nichts, wenn nur wenige Spezialisten im stillen Kämmerlein den Nutzen von Human Centered Design kennen. Es geht darum, ein Unternehmen insgesamt zu entwickeln. Voraussetzung ist eine Organisationsmaturität – nicht die Fähigkeiten der einzelnen Mitarbeitenden zählen, sondern das, was sie zusammen im Unternehmen umsetzen können. Mit dem Customer Centricity Score haben wir ein Tool entwickelt, das diese Maturität misst. Wenn die 15 Messkriterien des CCS auf möglichst allen Hierarchieebenen positiv verteilt sind, betrachten wir ein Unternehmen als «fit».»

VATER NR. 2

«Was man innen unternimmt, spiegelt sich aussen. *Schaut darum in eure Organisationen und versucht, sie zu verstehen.»*

Die perfekte Ergänzung zu Kundenbefragungen

«Ich habe die Entwicklung des CCS wissenschaftlich begleitet. Am Anfang haben wir uns die Frage gestellt, wie sehr der Kunde im Zentrum steht und ganzheitliches Denken herrscht. Schnell haben wir erkannt, dass

AUS DER PRAXIS

sich auch im Messtool alles um den Kunden drehen muss. Denn die Ausrichtung auf den Kunden ist der kleinste gemeinsame Nenner aller Mitarbeitenden. Wenn der IT-Fachmann im Keller eine Platine lötet, tut er das, um dem Kunden damit ein Erlebnis zu ermöglichen. Falls die Messung zeigt, dass die Mitarbeitenden nicht vom Kunden ausgehen, haben wir ein schwaches Glied identifiziert.

Der CCS ist empirisch entstanden. Wir sind mit einer Annahme gestartet, in der wir bestimmte Faktoren als Kerntreiber für Kundenzentrierung in Unternehmen getestet haben: 1500 Menschen haben unseren ersten Fragebogen beantwortet. Anschliessend haben wir die Fragen reduziert und nochmals getestet. Nach anderthalb Jahren Entwicklungszeit sind von über 200 letztlich 15 Kernfaktoren übrig geblieben. Diese haben wir im Jahr 2015 in einer Nullmessung bei Swisscom und weiteren Firmen lanciert.

Aber Empirie heisst auch, dass nicht nur die Befragung zählt, sondern auch die über 20 Jahre Erfahrung, die vor allem Jan-Erik Baars als Industriedesigner mitbringt. Wir haben herausgefunden, dass es neuralgische Punkte gibt, an denen die Kette reisst:

- In der Kultur bzw. Führung – hier passiert die Sinnstiftung.
- In der Zusammenarbeit – es geht um interne Kommunikation und Struktur.
- In der Implementierung – Themen sind hierbei Produkte und Schnittstellen zum Kunden.

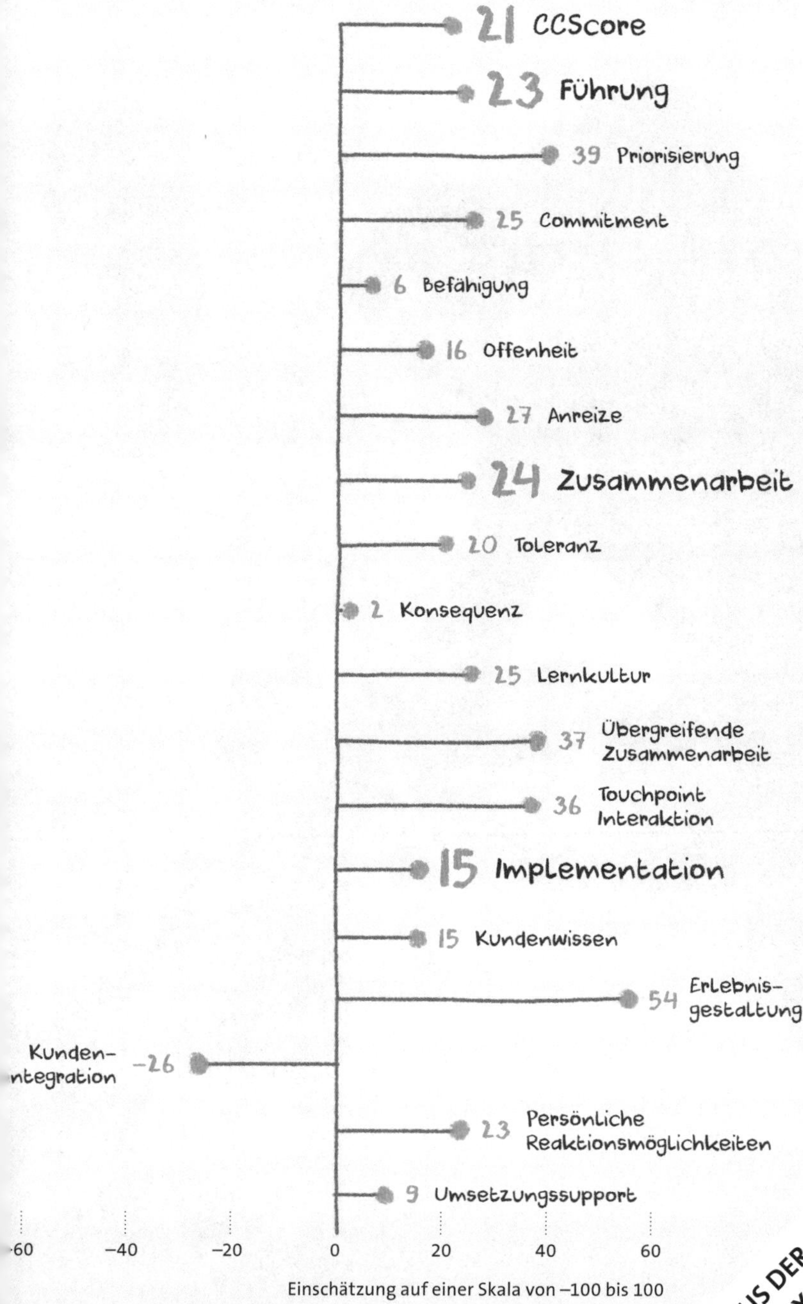

AUS DER PRAXIS

Jürg Pauli
ist «Head of Best Experience and Simplicity» bei Swisscom (Schweiz) AG.
Als HCD-Facilitator hat Jürg einige tragende Produkte und Dienstleistungen für das Unternehmen vorangetrieben.

Der CCS ergänzt bestehende, bereits etablierte Kundenerhebungen perfekt: Wenn Mitarbeitende befragt werden, wissen wir direkt, wo ein Problem lokalisiert ist und können es mit den Ergebnissen aus Kundenerhebungen verknüpfen.»

VATER NR. 3

«Unser Ziel: **Der Kunde steht im Zentrum des Handelns aller Mitarbeitenden** – *jeder leistet einen Beitrag dafür, dass wir unseren Kunden beste Erlebnisse bieten.»*

Messen, lernen und verbessern

«Wenn das Haar in der Suppe gelandet ist, ist das Übel schon geschehen. Der Gast kann im Restaurant nicht beurteilen, wie es dazu gekommen ist. Dabei geht es genau darum: Wie landet erst gar kein Haar in der Suppe?

Kunden nehmen Unternehmen vor allem über ihre Touchpoints und Produkte wahr. Und genau hier setzt man oft mit Human Centered Design an. Aber das, was der Kunde sieht und beurteilt, ist nur die Spitze des Eisbergs – eine nachgelagerte Rückmeldung.

Die tief liegenden Schichten, die sich unter der Wasseroberfläche befinden, sind aber genauso wichtig. Im CCS haben wir auf jeder der drei Ebenen – Führung, Zusammenarbeit und Implementierung – fünf Kerntreiber identifiziert, welche die Mitarbeitenden durch eine einfache Umfrage entlang von Skalen einschätzen. Es wird dann ein Score berechnet, der das Eigenbild der Kundenorientierung als Kennzahl abbildet.

Dieses Eigenbild haben wir für Swisscom erhoben und damit deutlich gemacht, wo wir in der Kundenzentrierung überhaupt stehen. Zuerst haben wir uns im Projekt auf die Messung konzentriert, aber dann ist die Frage aufgetaucht, was wir mit den Ergebnissen überhaupt machen? Schnell ist klar gewesen, dass die Einführung des CCS nur der Anfang ist.

Wir sehen drei Phasen:

1. Messen (Daten erheben)
2. Lernen (Erkenntnisse gewinnen)
3. Verbessern (Massnahmen umsetzen)

Der auf die Messung folgende Reflexionsprozess ist absolut notwendig. In Sessions mit dem Management und betroffenen Abteilungen/Teams versuchen wir nun bei Swisscom, aufgrund der Datengrundlage, also den Scores und den Aussagen, welche Mitarbeitende zur Begründung ihrer Bewertungen abgegeben haben, konkrete Erkenntnisse darüber zu gewinnen, wo

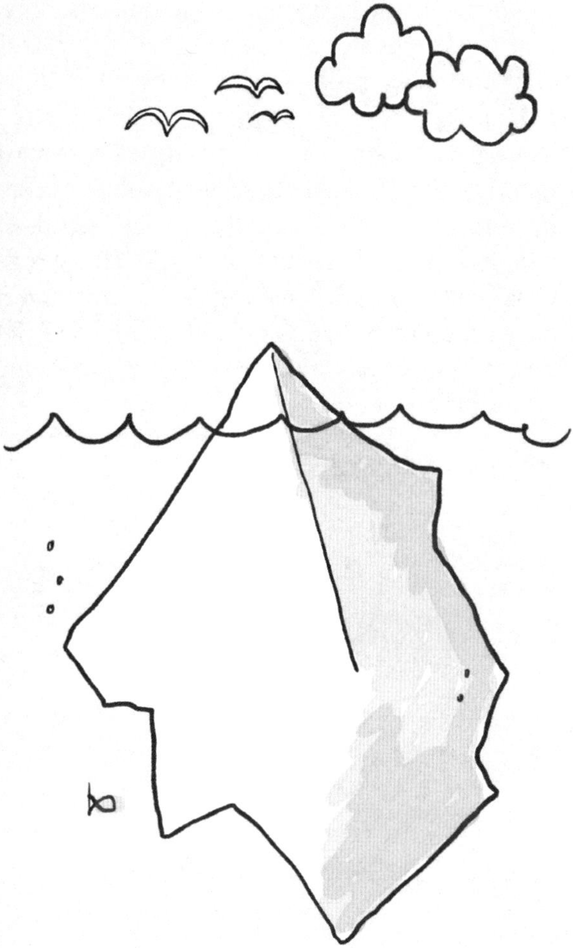

AUS DER PRAXIS

wir in der Organisation Hebel haben, um Kundenorientierter zu werden. Aussagen von Mitarbeitenden sind nicht nur wertvoll, um zu erkennen, wo der Schuh genau drückt – in der dritten Phase helfen sie uns dabei, Fokusthemen und Massnahmen zu definieren. Diese sind bei Swisscom dann Basis für die Diskussion der Verbesserungsvorhaben in den jeweiligen Geschäftsbereichen: Welche Themen gehen wir in welchem Zeitraum an und mit welchen konkreten Massnahmen? Besondere Aufmerksamkeit verdient das schwächste Glied in der Kette mit den niedrigsten Scores. Denn ein Unternehmen ist nur so kundenorientiert, wie der kleinste gemeinsame Nenner der Kundenorientierung aller Unternehmensbereiche.

VATER NR. 1

Vertrauensvorschuss für Mitarbeitende

«Die grosse Frage lautet doch: Wie können wir alles rechtzeitig in die richtige Bahn lenken, bevor das Haar in der Suppe landet?

Human Centered Design ist ein Vehikel, um das ganze Unternehmen integriert zu betrachten, statt seine

Leistungsfähigkeit an einzelnen Performancewerten festzumachen. ***Wir müssen das mechanische Denken hinter uns lassen, das auf Abläufe konzentriert ist, und das integrierte, umfassende und menschliche Denken fördern.*** Es geht um eine veränderte Sichtweise, die einen Business Impact mit sich bringt. Denn ein Unternehmen und seine Abläufe werden effizienter, wenn es sich nach seiner Ausrichtung auf den Kunden hinterfragt.

Dabei ist es wichtig, Mitarbeitende nicht zu beobachten und zu kontrollieren, sondern sie zu befähigen und in ihrer Kompetenz zu stärken, damit sie die Qualitätskontrolle in sich selbst tragen. Dann braucht man kein umfassendes Kontrollsystem. Die Forschung hat schon oft gezeigt: Je mehr Kontrolle man ausübt, desto weniger motiviert sind Mitarbeitende und desto weniger Eigenverantwortung übernehmen sie. Eine Organisation muss ihren Mitarbeitenden einen Vertrauensvorschuss geben.

Für das Management ist das eine Herausforderung, denn es ist den KPI meistens hörig. Jedoch darf es nie um eine Zahl an sich gehen – sie ist immer nur Mittel zum Zweck. Als wir den CCS für Swisscom ermittelt haben, hat das Management das erste Messergebnis gleich als KPI für das folgende Jahr gesetzt: +10%. Die Gefahr: Wenn man nur die Gesamtzahl, also den Mittelwert, im Blick hat, lässt man neuralgische Punkte aus der ersten Messung links liegen und konzentriert sich auf die einfach zu beeinflussenden Werte, die sowieso schon gut sind. Dabei ist es vielleicht sogar zulässig, dass wir insgesamt einen schlechteren Wert haben, aber dafür die schwächsten Glieder stärken.» So funktioniert der Customer Centricity Score: Der CCS wird mit einer Selbstbeurteilung des Unternehmens durch die Mitarbeitenden erhoben. Die Mitarbeitenden beurteilen dabei anhand einfacher Fragen unterschiedliche, empirisch hergeleitete Faktoren der Kundenorientierung im Unternehmen. Die Berechnung des CCS erfolgt analog zum Net Promoter Score (NPS) durch Ermittlung des Überhangs von positiven zu negativen Beurteilungen. Daraus ergibt sich eine Skala von maximal –100 (100% verneinende Antworten) bis +100 (100% zustimmende Antworten).

Unser Ziel ist es, durch die Verknüpfung des Customer Centricity Scores mit anderen Kennzahlen eine Kausalkette herzustellen und zu beweisen: Wenn man auf Kundenzentrierung setzt, ist man eine erfolgreiche Organisation.

AUS DER PRAXIS

Kundenzentrierung messen und daraus lernen

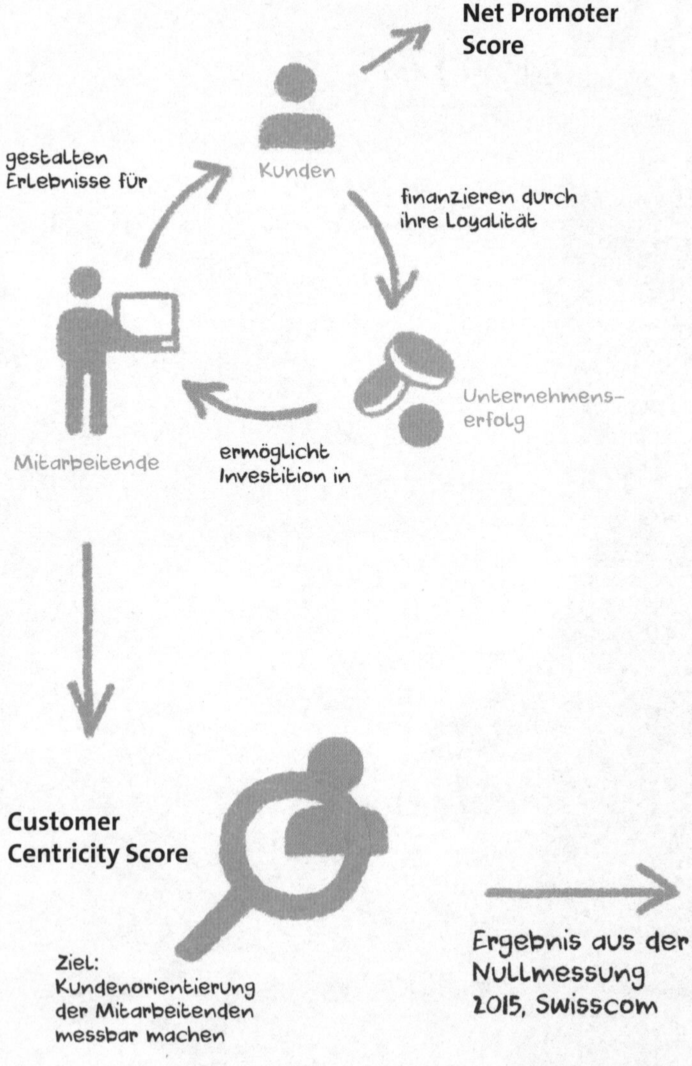

Quelle: Swisscom AG, 2016

KAPITEL 7

VOM PROJEKTMANAGER ZUM SINNMACHER

Mit dem sechsten Kapitel enden unsere Ausführungen über jenen Kompass, der uns hilft, die richtigen Prioritäten auf unserer Entdeckungsreise hin zu den differenzierenden Kundenerlebnissen zu setzen. In den beiden folgenden Kapiteln geht es um die Sicht- und Arbeitsweisen von Projektmanagern und Konzernleitung und die richtungsweisende Rolle, die bei der Gestaltung einer Innovationskultur der Unternehmer einnimmt.

Für die Sicht des Projektmanagers haben wir Jürg Pauli gebeten, einen Swisscom Manager, der bereits viele Grossprojekte mit Human Centered Design umgesetzt hat, von seinen Erfahrungen zu berichten.

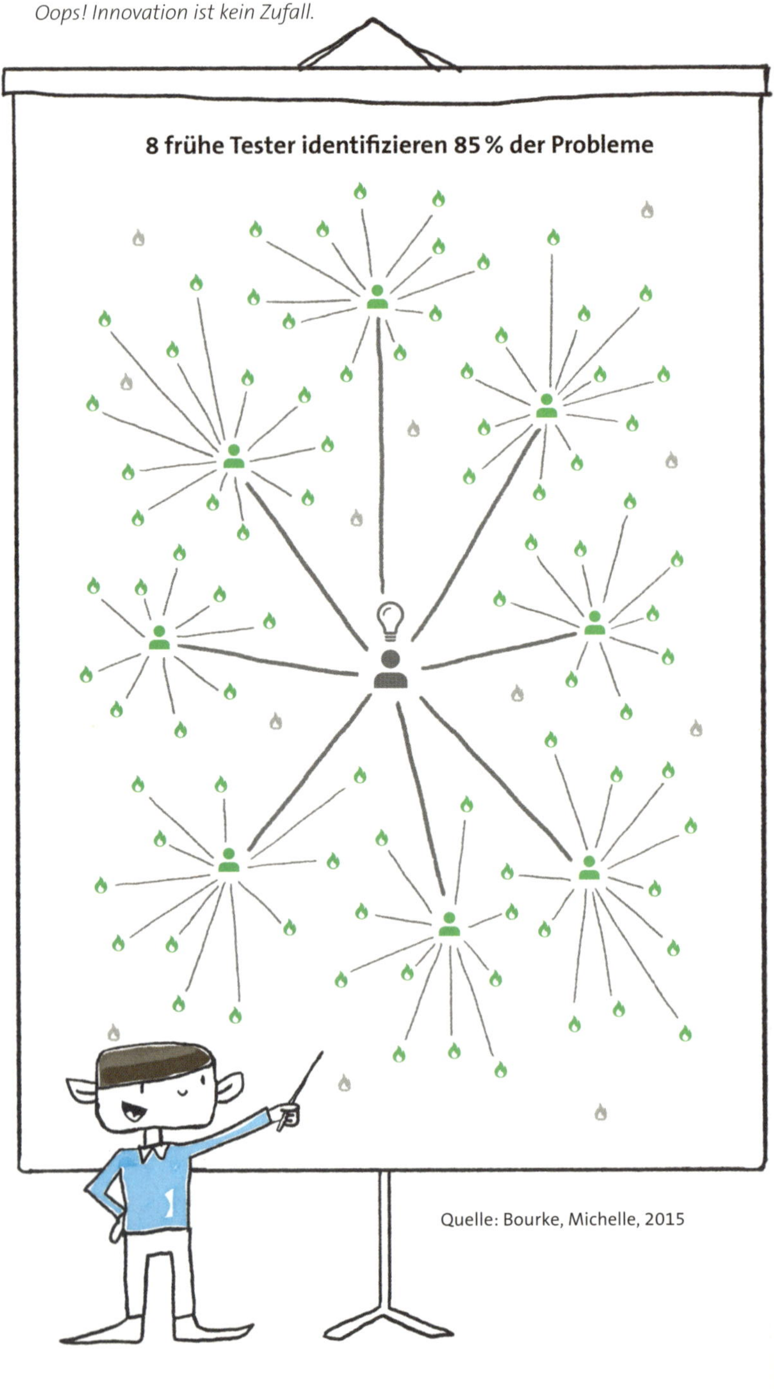
8 frühe Tester identifizieren 85 % der Probleme
Quelle: Bourke, Michelle, 2015

VON JÜRG PAULI

In welcher Branche oder in welcher Region wir auch immer arbeiten mögen, eines scheint klar: Die Welt ist im Wandel, und wir müssen uns darauf einstellen. Beim Schweizer Telekommunikationsanbieter Swisscom erwirtschaften wir rund 80 Prozent unseres Umsatzes mit Technologien, die es vor acht Jahren noch gar nicht gab. Ein Grossteil von uns arbeitet folglich in Jobs, die vor wenigen Jahren nicht existierten und für die sie in ihrer ursprünglichen Berufswahl nicht ausgebildet wurden. Neue Technologien und Trends entwickeln sich immer schneller. Wir können davon ausgehen, dass die Studenten an den Hochschulen für Arbeitsplätze vorbereitet werden, die es zum jetzigen Zeitpunkt noch nicht gibt. Und das U.S. Department of Labor geht davon aus, dass die heutigen Studenten 10 bis 14 Jobs haben werden, bevor sie 38 Jahre alt sind. Die Aneignung neuer Fähigkeiten scheint also existenziell (siehe auch Kapitel 4). Aber wie kann man so eine Aufgabe angehen? Und was bedeutet dies für all jene, die bereits in Unternehmen arbeiten? Wenn wir den Wandel als Konstante sehen, wird es notwendig, dass wir uns immer wieder aufs Neue hinterfragen – angefangen bei den Arbeitsprozessen über Qualifikationen bis hin zur Arbeitseinstellung. Dies fällt besonders schwer, wenn sich Prozesse über Jahre oder sogar Jahrzehnte bewährt haben und wir bislang mit ihrer Hilfe

unsere Geschäftsziele erreichen konnten. In seinem Meisterwerk «Modern Times» stand Charly Chaplin willig und eifrig am Fliessband. Doch seine Aufgabe war so monoton, so von Routine geprägt, dass er bald nur noch den Blick auf den von ihm auszuübenden Handgriff hatte. Eine Gefahr, vor der auch wir stehen, wenn unsere Arbeitsweise monoton und von Routine geprägt ist. Wir müssen aufpassen, dass unsere Arbeit nicht zu einer schlichten Anwendung der gelernten Project Management Tools verkümmert. Es darf nicht das Hauptziel sein, Projekt und Arbeitslisten möglichst genau auszufüllen. Bei all unseren täglichen Aufgaben versäumen wir es nur allzu oft, über die Werkshallen unseres Unternehmens hinaus zu denken. Dabei lohnt sich gerade der Blick auf andere Unternehmen, Branchen und Kulturen, durch die wir viel für uns lernen können. Sie alle haben ihre ganz eigenen Erfolge und Misserfolge oder schlicht Herangehensweisen, die auch für uns interessant und zielführend sein könnten. Letztlich wird genau diese Transferleistung zu einer neuen Schlüsselqualifikation. Aber die wichtigste Transferleistung ist nicht jene aus anderen Bereichen, sondern das Einfühlen in unsere Kunden und ihre Bedürfnisse. Entwicklungen dienen keinem Selbstzweck, sondern sollen und müssen Menschen einen Mehrwert bieten.

Die Lernzone

Allerdings führen das Wissen und das Verständnis über die Notwendigkeit von neuen Herangehensweisen nicht zwangsläufig zu einem anderen Umgang mit den Herausforderungen am Markt. Aber warum nicht? Was könnte uns davon abhalten, diesen Weg

Komfortzone
Lernzone
Panikzone
Sinn machen durch kontinuierliches Lernen und Ausprobieren

einzuschlagen? Die häufigsten Antworten, wenn sie ehrlich sind, haben mit den Menschen selber zu tun. Entweder steht ihnen ihre Bequemlichkeit im Weg, oder es ist die Angst vor dem Verlust der vollen Kontrolle oder einfach mangelnde Risikobereitschaft. Und dies erleben wir im privaten genauso wie im beruflichen Umfeld. Wir alle kennen die vielzitierte Komfortzone, jener Bereich, in dem wir uns sehr sicher fühlen, wissen, was wir tun und was uns erwartet. Es gibt in der Komfortzone keine echten Überraschungen. Keine negativen, aber auch keine positiven. Für viele ist diese gefühlte Sicherheit sehr wichtig in ihrem Leben. Werden wir gezwungen, unsere Komfortzone zu verlassen, befinden wir uns sehr schnell in der Panikzone. Jenem Zustand, in dem wir uns wie ein Korken auf offenem Meer fühlen. Wir wissen nicht, wann die nächste Welle kommt, und schon gar nicht, wo wir am Ende der Reise ankommen werden.

Zwischen der Komfortzone und der Panikzone liegt allerdings noch die dritte, für die Weiterentwicklung essenzielle Zone: die Lernzone. Ein Bereich oder Zustand, in dem wir offen sind für neue Erfahrungen und bereit sind zu lernen. Im privaten mag dies eine Reise in ein fremdes Land mit einer anderen Kultur und Sprache sein. Im beruflichen die Erschliessung einer gänzlich neuen Zielgruppe mit gänzlich neuen Produkten. Wie gross die jeweilige Zone ist, hängt ganz von unserer Bereitschaft ab, sich Veränderungen zu stellen. Ist jemand sehr offen und hat eine kleine Panikzone und eine dementsprechend grosse Lernzone, gilt dies sowohl für sein Privat- wie auch Berufsleben. Es ist eine Einstellung, vielleicht sogar ein Wesenszug,

den man nicht einfach an- oder ausschalten kann. Die gute Nachricht ist: Die Lernzone lässt sich vergrössern, wenn wir dies bewusst an-gehen. Dabei müssen wir uns einfach Schritt für Schritt neuen Erfahrungen bewusst öffnen. Beim Berufsleben lässt sich damit anfangen, seine eigene Herangehens- und Arbeitsweise zu hinterfragen. Sich in der Bearbeitung der Projekte nicht vom Altbewährten fesseln zu lassen, sondern auf die Kunden, auf ihre Bedürfnisse und den Mehrwert, den er ihnen in Form eines neuen Produkts oder einer neuen Dienstleistung an die Hand geben kann, zu schauen. Auf gleiche Weise lassen sich Mitarbeitende, wenn sie die nötige Bereitschaft mitbringen, fördern und damit entwickeln. Dies ist eine Investition in die Mitarbeitenden, die dem Unternehmen zugute kommt. Ich hörte einmal von einer sehr bezeichnenden Unterhaltung über Investitionen in Mitarbeitende, die ein CFO mit seinem CEO führte. Dabei meinte der CFO: «Was passiert, wenn wir in die Entwicklung unserer Mitarbeitenden viel Geld investieren und sie danach das Unternehmen verlassen?» Worauf der CEO trocken antwortete: «Was passiert, wenn wir es nicht tun, und sie bleiben?»

Ein für die Zukunft gerüstetes Unternehmen benötigt Mitarbeitende, die Neuerungen gegenüber aufgeschlossen sind, neue Perspektiven einbringen und so einen Mehrwert beitragen. Und eben jene Mitarbeitenden müssen für ihre Arbeit motiviert sein. Sie müssen wissen, was die Ausrichtung und die Ziele des Unternehmens sind, damit sie den Sinn und Zweck ihres Beitrags zum Unternehmenserfolg verstehen.

Christian Petit
ist als Leiter des Bereichs Grosskunden Mitglied der Konzernleitung der Swisscom AG. Als früher Förderer der Human Centered Design-Philosophie hat er die Innovationskultur im Unternehmen mitgeprägt.

KAPITEL 8

VOM UNTERNEHMER ZUM SINNGEBER

Im vorigen Kapitel hast du gelesen, wie wichtig es für den nachhaltigen Erfolg eines Unternehmens ist, dass Projektmanager und jeder einzelne Mitarbeitende neugierig und mutig seine Lernzone erweitern. Oder anders ausgedrückt: Dass die Mitarbeitenden lernen, ihren Aufgaben einen Sinn voranzustellen und Verantwortung für ihren Bereich zu tragen. Damit dies überhaupt möglich ist, muss das Unternehmen die richtigen Rahmenbedingungen schaffen und vielleicht sogar seine Aufgabe als Arbeitgeber überdenken.

Im Gespräch: Christian Petit, Leiter Grosskunden und Mitglied der Konzernleitung von Swisscom.

Christian Petit
Bergführer
Pfadfinder
= Verantwortung!!
Kreativität in der Lösungsfindung
unkonventionelle Wege gehen ...
klassische Management-aufgaben
virtuelle Berge erklimmen!

Christian, du hast früh in deiner beruflichen Laufbahn grosse Verantwortung übernommen. Seit 15 Jahren arbeitest du bei Swisscom, bist Mitglied der Konzernleitung und verantwortlich für das Geschäft mit Grosskunden. Inwiefern war dieser Weg für dich vorgezeichnet?

Als kleiner Junge wollte ich unbedingt Bergführer werden. Allerdings komme ich aus Paris. Und in der Pariser Nachbarschaft war dies ein eher exotischer Berufswunsch. Aber ich war von den Bergen fasziniert und hatte das Glück, dass mich mein Vater früh dorthin mitgenommen hat.

Was hat dich an den Bergen fasziniert, und was ist davon übriggeblieben?

Die Faszination hält bis heute an. Ich war in meiner Jugend mit einer Pfadfindergruppe häufiger in den Alpen und hatte später die Gelegenheit, selber Jugendliche mit in die Berge zu nehmen. Das waren besondere Momente, jungen Menschen den Weg zu zeigen und auch die Verantwortung für sie zu tragen. Ich hatte viel Energie und war in schwierigen Situationen kreativ darin, Lösungen zu finden und auch bereit, unkonventionelle Wege zu gehen. Dies war schon immer in mir. Und letztlich ist das nicht weit weg von den klassischen Managementaufgaben. Es sind einfach andere Berge, virtuelle Berge, die wir im Geschäftsleben erklimmen müssen.

Was bedeutet Führung für dich?

Früher dachte ich, dass ich in allem vorangehen und sehr klare Anweisungen für jeden Zwischenschritt geben muss. Aber ein für mich sehr eindrückliches

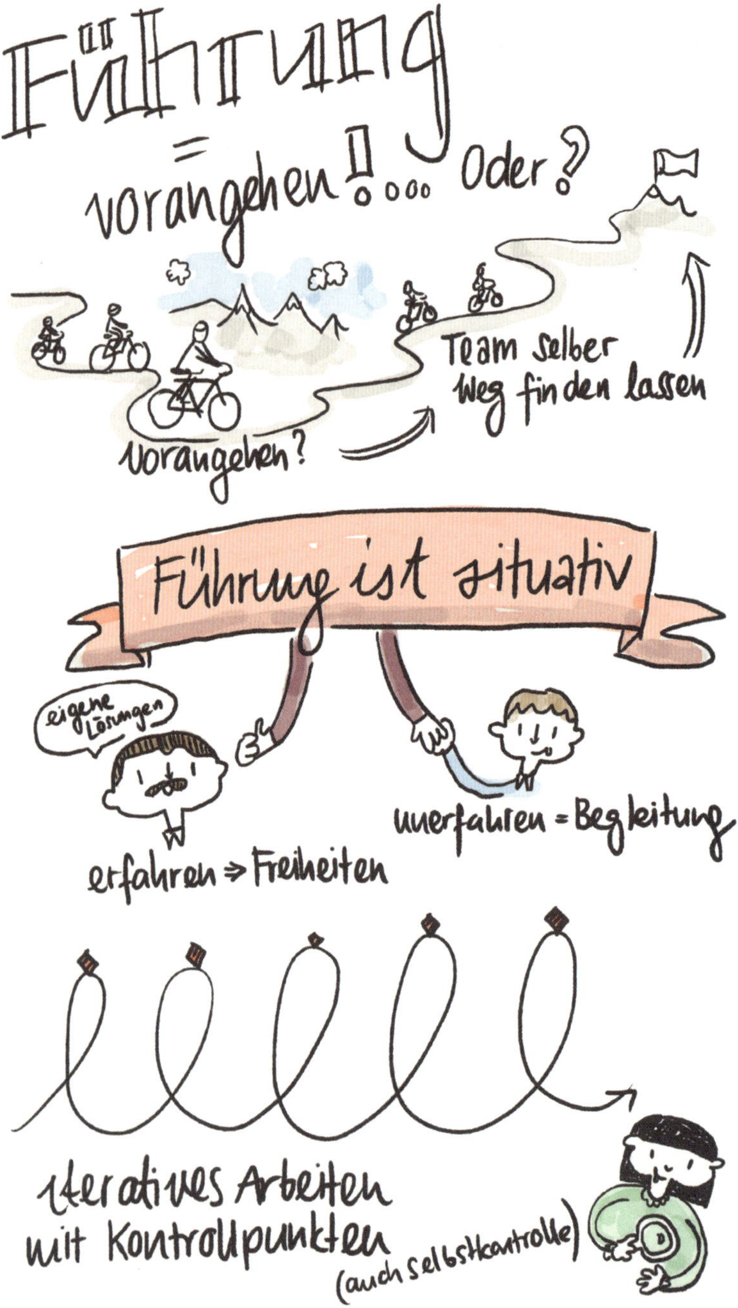
Führung
= vorangehen!! ... oder?
vorangehen?
Team selber Weg finden lassen
Führung ist situativ
eigene Lösungen
erfahren ⇒ Freiheiten
unerfahren = Begleitung
Iteratives Arbeiten mit Kontrollpunkten
(auch Selbstkontrolle)

Erlebnis hat meine Sichtweise geändert. Für ein Teamevent war ich mit meinen Mitarbeitenden in den Bergen unterwegs, um dort mit ihnen Mountainbike zu fahren. Alle recht durchtrainiert und sportlich. Es ging um eine einfache Strecke mit Steigungen und Gefälle, zu einem Bergrestaurant und wieder zurück. Das Ziel war also klar definiert. In meinem Selbstverständnis bin ich von Anfang an vorweggefahren. Allerdings durfte ich nach einer Weile merken, dass meine Kondition für diesen Anspruch nicht reichte. Notgedrungen liess ich mich zurückfallen. Als mich schliesslich alle überholt hatten, fing ich plötzlich an, auch diese Perspektive zu geniessen. Zu sehen, wie das Team seinen eigenen Weg geht. Das Ziel hatte sich dadurch nicht verändert, und wir haben es alle erreicht.

Du beschreibst damit zwei unterschiedliche Bilder in der Führung. Den Bergführer, der vorausgeht und den Weg sowie die Geschwindigkeit vorgibt, und den Beobachter, der eigene Entwicklungen und Wege des Teams zulässt und fördert. Wann braucht es was?

Führung ist immer situativ. Auf der einen Seite gibt es Mitarbeitende, die bereits viele Erfahrungen gemacht haben und ihr Feld sehr gut kennen. Sie brauchen Freiheiten, um ihren Weg zu gehen, eigene Lösungen zu entwickeln und diese umzusetzen. Auf der anderen Seite gibt es Mitarbeitende, die noch unerfahren sind. Es ist wichtig, sie stärker an die Hand zu nehmen. Auch wenn sie Fehler machen, nimmt man sich als Vorgesetzter die Zeit und spricht mit ihnen darüber, sodass die Mitarbeitenden daraus für ihren weiteren Berufs- und Lebensweg lernen können.

erklären
begleiten
loslassen
hinein-
wachsen
ERFOLGS-
REZEPT
1
2
3
gibt
es nicht!
Selbstständig
&
unabhängig
Kundenorientierung
Empathie
Mensch
Technologie
zuhören
aufmerksam
sein
einfühlen
Erwartungen
an Unternehmen
& Produkte…
«in den
Schuhen des
Kunden!»

Ich denke da an ein kleines Kind im Strassenverkehr. Egal wie selbstsicher diese kleine Person sein mag, sie kann nicht alle Gefahren kennen und darauf angemessen reagieren. Wir müssen also begleiten, erklären und auf anstehende Situationen vorbereiten. Nur so können wir sicherstellen, dass das Kind selbstständig und unabhängig wird. Das Gleiche gilt für Mitarbeitende. Wer einen unerfahrenen Mitarbeitenden einfach laufen lässt, wird ihn überfordern, und es ist sehr fraglich, ob er gestärkt aus so einer Situation hervorgeht. Es kann sogar dazu kommen, dass er Schaden nimmt, von dem er sich nicht so einfach erholt.

Als Mitglied der Konzernleitung trägst du Verantwortung gegenüber den Mitarbeitenden, aber auch gegenüber den Kunden. Was ist für dich Kundenorientierung, und wie wirkt sie sich auf Innovation aus?

Kundenorientierung hat für mich sehr viel mit Empathie zu tun. Wir müssen uns in unsere Kunden reinfühlen können. Dementsprechend wichtig ist es, zuhören zu können. Zu erfahren, wie unsere Kunden unsere Produkte erleben, und was für Erfahrungen sie im Kontakt mit dem Unternehmen machen. Auch müssen wir aufmerksam sein, um zu verstehen, was unsere Kunden wirklich von uns brauchen, was ihre Erwartungen gegenüber unseren Produkten und dem Unternehmen sind. Und insbesondere, was ganz allgemein ihr Leben bereichern oder erleichtern könnte und wie wir als Unternehmen einen Beitrag dazu leisten können. Dies hat dann zwangsläufig einen Einfluss auf unsere Planung und auch auf die Innovationen, die wir entwickeln.

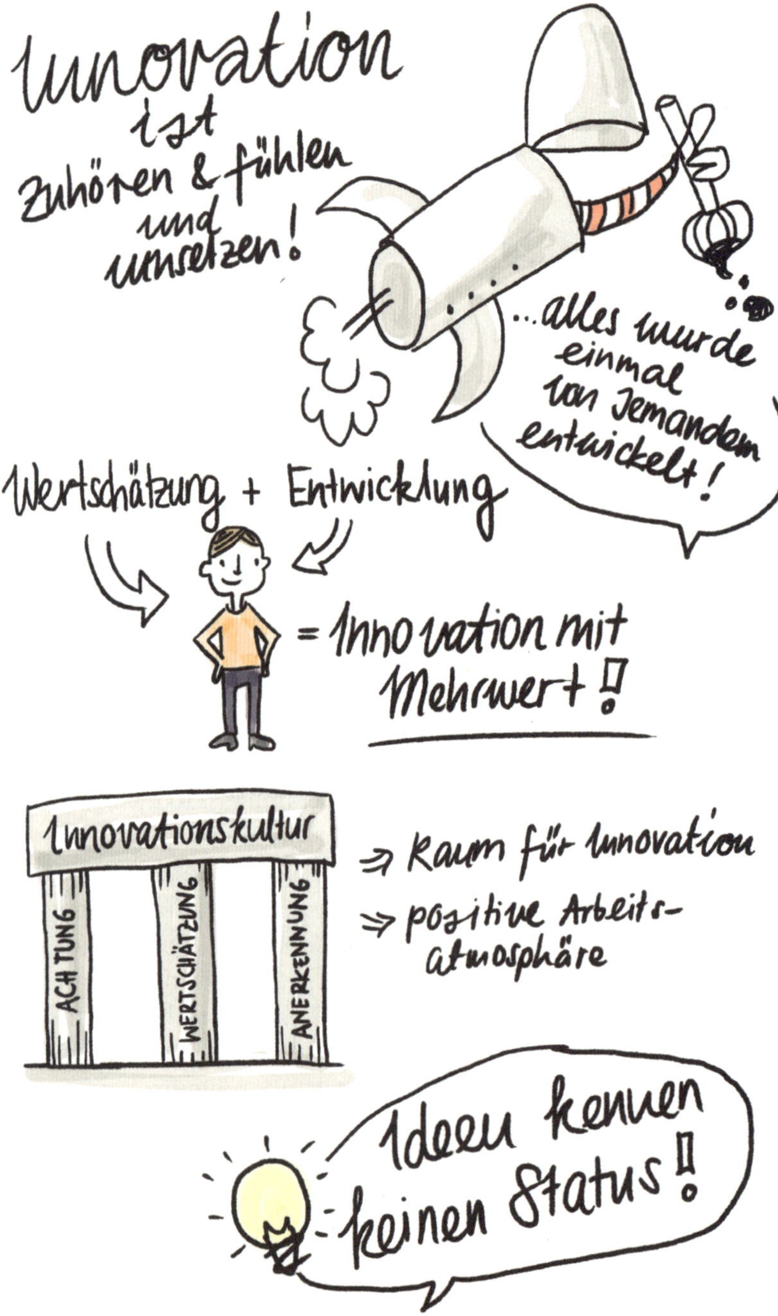
Innovation
ist
Zuhören & fühlen
und
umsetzen!
...alles wurde einmal von Jemandem entwickelt!
Wertschätzung + Entwicklung
= Innovation mit Mehrwert!!
Innovationskultur
ACHTUNG
WERTSCHÄTZUNG
ANERKENNUNG
⇒ Raum für Innovation
⇒ positive Arbeits-atmosphäre
Ideen kennen keinen Status!!

Ich habe sehr viel Respekt vor Innovation. Wer genügend beobachtet und gehört hat und über das Gesehene und Gehörte auch nachgedacht hat, erlebt irgendwann diese Zündung. Das hat dann schon fast etwas Göttliches: Man fängt an, etwas Neues nach der eigenen Vorstellung zu schaffen. Ich bin immer wieder fasziniert von dieser Tatsache: Alles, was wir sehen, alles, was um uns ist, wurde irgendwann von jemandem erdacht. Es gibt nichts in der Welt, ausser vielleicht der Natur, das nicht irgendwann von irgendjemandem zuvor erdacht und dann umgesetzt wurde. Wenn wir unsere Planung und Entwicklung auf unsere Kunden ausrichten, werden unsere Innovationen ihnen einen Mehrwert liefern, und sie werden sie nutzen wollen.

In deiner Antwort schwingt eine grosse Achtung für Menschen mit. Sowohl für diejenigen, die etwas entwickelt haben, als auch für diejenigen, für die es entwickelt wurde. Wie wichtig ist diese Achtung oder Wertschätzung im Umgang mit den Mitarbeitenden?

Achtung, Wertschätzung und auch Anerkennung sind enorm wichtig im Umgang miteinander, und sie sind letztlich Grundpfeiler einer Innovationskultur. Sie ermöglichen eine positive Arbeitsatmosphäre, setzen konstruktive Kräfte frei und geben so den Raum für Innovation. Wogegen Status und Hierarchiedenken die Feinde von Innovation sind. Sitzungen oder Besprechungen, an deren Ende eine kreative Lösung stehen soll, dürfen nicht mit Hierarchiedenken geführt werden. Nicht, wenn man am Ende ein Ergebnis haben möchte. Es braucht ein gutes Team mit einem gesunden Mix aus Fachleuten und Querdenkern, die sich alle auf Augenhöhe begegnen. Gedanken und Ideen haben

gut überdachter Weg!
konsequent gehen!
Kultur braucht konsistent gelebte Werte
intrinsisch motivierte Mitarbeitende ⇒
braucht Zeit!
Wenn du schnell mit Menschen bist, werden sie langsam.
Wenn du langsam mit Menschen bist, werden sie schnell!
Ideen nicht verkaufen, sondern jemanden so davon überzeugen, dass es seine werden!

keine Heimat. Sie entstehen einfach bei demjenigen, der dafür offen und bereit ist.

Mit all den Herausforderungen der Digitalisierung und der Globalisierung, was zeichnet aus deiner Sicht ein erfolgreiches Unternehmen aus? Gerade wenn es unter Druck gerät.

Es gibt viele unterschiedliche Managementmethoden, Unternehmenskulturen und Philosophien. Und so unterschiedlich die Menschen sind, so richtig mögen auch unterschiedliche Methoden und Philosophien sein. Wichtig ist, dass ein eingeschlagener Weg konsequent gegangen wird. Das setzt natürlich voraus, dass dieser Weg nicht leichtfertig gewählt wurde.

Die Definition von Werten, denen sich alle Mitarbeitenden verpflichtet fühlen sollen, ist ein wichtiger Teil der Unternehmenskultur. Diese müssen nachhaltig gelebt werden – und das braucht Zeit. Die Mitarbeitenden müssen intrinsisch motiviert sein. Dies gilt natürlich auch für die Werte, aber vor allem für die täglichen Aufgaben und Projekte. Aber wie gesagt, das braucht Zeit.

In einem Workshop, den ich vor Kurzem besucht habe, hat es ein Coach auf den Punkt gebracht: «Wenn du schnell mit Menschen bist, werden sie langsam. Wenn du langsam mit Menschen bist, werden sie schnell.» Ich kann meine Mitarbeitenden nicht überreden, meine Ideen gut zu finden. Letztlich verteidigt oder kämpft jeder ultimativ nur für seine eigenen Ideen und erkennt in ihnen den Sinn für sein Handeln. Wir müssen unsere Ideen also gemeinsam mit den

JEDES UNTERNEHMEN WIRD AN SEINEM BEITRAG FÜR DIE MENSCHHEIT GEMESSEN.

Mitarbeitenden entwickeln, damit die Ideen zum Sinn ihres Handelns werden können. Das braucht Zeit. Zeit, die wir investieren müssen. Dann ist es leicht, für die Idee Feuer zu fangen, und sie werden diese Idee auch ohne uns voller Begeisterung bis zur Umsetzung tragen.

Was ist dir über das Hier und Jetzt hinaus wichtig? Wenn du mal als Achtzigjähriger auf einer Parkbank sitzen und mit deinen Urenkeln über deine Erfahrungen und dein Leben sprechen wirst. Was glaubst du, was wird dir besonders wichtig sein?

Dass ich immer und zu jeder Zeit meinen Prinzipien und Überzeugungen treu geblieben bin. Und was für mich im Privaten gilt, hat aus meiner Sicht auch Gültigkeit im Berufsleben. Am Ende wird jedes Unternehmen an seinem Beitrag für die Menschheit gemessen werden.

Privatkunden (RES)

	2001–2004	2005–2007	2008–2009	2010	2011
SINN & ZWECK		Innovation durch Mitarbeiter nach dem Champion-Prinzip.	Bewusst gestaltete Kundenerlebnisse und Entwicklung der Innovationskultur.	Mit Unterstützung von Co-Creation, Validation & Compliance erarbeitete Angebote:	
STRATEGIE & ANGEBOTE				Lancierung neue Kommunikations- und Unterhaltungsangebote. (Vivo-Bundles)	Neue Mobilfunkangebot (Infinity) Rollout neue Swisscom Sho (Projekt Campus) Lancierung Swisscom TV 2
PROZESS & HANDWERK	Start des Teams «Acceptance & Usability Tests».	Gemeinsame Methoden zur Förderung von Prototyping, Pitching und Feedback.	**Start der Abteilung Best Experience (BEX) unter der Leitung von Christina Taylor im Bereich Privatkunden (RES).**	«Bewusste Entscheide» mit Mensch, Technologie und Business. Einführung der «7 Design Skills» als Toolbox. **Start neues Team für konkrete Human Centered Design-Unterstützung in den Businessprojekten. (Co-Creators)**	
MESSEN & DARAUS LERNEN	Einführung Kundenzufriedenheitsstudie (KuZu).	Honorierung von engagierten Mitarbeitenden und Teams durch den «Champion Award».	Messung der Marke Swisscom durch den «Brand Asset Evaluator».	Kundenzufriedenheit (KuZu) auf Kundenerlebniskette diverser Projekte.	**Einführung Net Promoter S (NPS) zur Messung der Weiterempfehlungs bereitschaft.**
MENSCHEN & ZUSAMMENARBEIT		**Strategische Initiative zur Förderung der Innovationskultur –** 500 Manager besuchen das Silicon Valley. Start der Ausbildung von 20 Facilitators.	1. «Experience Design Workout» in Magglingen. (4 Tage) Aus Projekten lernen – Lancierung «Champion Magazin». Aus Produktmanagern werden «Customer Experience Designer».	Start «Customer Experience Forum». (CX-Forum / 2 Tage) Lancierung des Formates «Experience Design Workout». (3 Tage)	Überarbeitung «Experien Design Workout». (2 Tag
SINNE & UMGEBUNG			Entstehung «BrainGym», Genfergasse, Bern	**Umbau «BrainGym», Genfergasse, Bern**	Pilotbüro HCD-Team, Liebe

HCD	Abteilung Human Centered Design	**ENT**	Bereich Grosskunden (Enterprise Customers)
RES	Bereich Privatkunden (Residential)	**INI**	Abteilung IT, Netzwerk und Innovation (Group IT, Network and Innovation)
SME	Bereich kleinere und mittlere Geschäftskunden (Small and Medium Enterprises)	**GHR**	Abteilung Personal (Group Human Ressources)

KAPITEL 9

EINE SINNVOLLE REISE

Bei der Erkundung eines neuen Landes, das man vollumfänglich kennenlernen möchte, muss man irgendwo anfangen und kann nicht alle Orte, Landstriche und Sehenswürdigkeiten gleichzeitig besuchen. Auch können äussere Einflüsse wie z.B. schlechtes Wetter die Planungen für einen Tag am Strand zugunsten eines Besuches im Museum kippen.

Aus gutem Grund sprechen auch wir immer wieder von einer Reise, wenn wir über die Entwicklung von Human Centered Design bei Swisscom sprechen. In unserem Fall starteten wir die Reise mit der Erkenntnis, dass der Mensch mit seinen Bedürfnissen, Sehnsüchten und Erwartungen im Zentrum all unserer Überlegungen stehen muss. Wir entwickelten am Anfang Kundenzufriedenheitsstudien, die uns einen besseren Einblick verschaffen sollten, wie uns unsere Kunden wahrnehmen. Darauf aufbauend, führten wir Acceptance und Usability Tests für unsere Produkte und Dienstleistungen ein. Alle Entwicklungen und Arbeitsabläufe betrachteten wir mit neuen Augen und überlegten, wie diese zu optimieren seien. Die Vorteile

der neuen Herangehensweise waren nur allzu klar, und wo wir auch hinschauten, hatten wir das Gefühl, einen Beitrag leisten zu können. Aber begrenzte Ressourcen bedeuteten auch, dass wir priorisieren und uns auf vielversprechende Projekte fokussieren mussten.

Nachdem wir in der Anfangsphase die einzelnen Projekte noch separat betrachtet hatten, wurde uns über die Zeit immer bewusster, dass sich all unsere Aktivitäten auch sinnvoll verbinden liessen. Wir fingen verstärkt an, unsere Arbeit systemisch zu betrachten und weiterzuentwickeln. Das vorläufige Ergebnis bildet die Basis dieses Buches und ist im ersten Kapitel genauer beschrieben.

Aber die Reise geht weiter und es wird immer wieder unsere Aufgabe sein, zu reflektieren, ob sich die Rahmenbedingungen oder Zielvorgaben verschieben, um daraus pro aktiv die notwendigen Konsequenzen zu ziehen.

Bei der Erkundung eines neuen Landes muss man natürlich nicht mehr jede Entdeckung selber machen. Es gibt Reiseführer, die uns gut auf das zu Erwartende vorbereiten. Mit diesem Buch teilen wir unsere Erkenntnisse, Erfahrungen und Entdeckungen mit Human Centered Design, damit auch andere Unternehmen von unserer Reise profitieren können.

Und dass die Reise sich lohnt, belegen mittlerweile auch viele Studien, von denen ihr einige Kernaussagen im Kapitel Facts und Figures (ab Seite 249) findet.

RES, SME, ENT, INI, GHR

2012	2013	2014	2015	2016	2017–2020
		Vereinfachtes Swisscom Leitbild und Markenwerte: einfach, vertrauenswürdig und inspirierend. (EVI)			
Swisscom möchte eine xperience-driven Company» werden. Daraus folgt die unternehmensweite Verankerung von Human Centered Design.	HCD entwickelt gemeinsam mit der Bereichsleitung «Customer Experience Stories». (Strategien) Banking-Story am Markt lanciert.	Flexible Kombinationsangebote für kleine und mittlere Geschäftskunden. (My KMU Office)	**Start des HCDworks-Teams zur Beratung externer Kunden.** Neue Mobilfunkangebote für Digital Natives. (Wingo)	Ausarbeitung der «Beste Erlebnisse Strategie Swisscom». Entwicklung zukünftige Arbeitserlebnisse. (Projekt Arbeitswelt der Zukunft)	Fokus auf Verbesserung interner Prozesse unternehmensweit.
Erste Iteration des nnovationskulturmodells mit der Konzernleitung.	Neuorganisation der Abteilung unter dem neuen Namen «HCD – Human Centered Design». HCD ist neu für alle Unternehmensbereiche bei Swisscom verantwortlich.	**Entwicklung eines einfachen methodischen Vorgehens: «Hear – Create – Deliver» und dessen Publikation im HCD-Workbook.** Neu wird am Welcome Day «Human Centered Design» vorgestellt.	Aufarbeitung des Human Centered Design-Anwenderwissens anhand des Innovationskulturmodells. (Modul-Booklets) Start des Teams «Prototyping & Testing» (PNT) und Einführung benutzerfreundlicher HCD-Apps. (Looping, Zima, Echo)	Stärkere Ausrichtung auf Swisscom Prozesse. (Customer Interaction Experience)	Erweiterung Looping durch Crowdtesting. Vereinfachung Methoden und Tools zur Steigerung der Nutzerfreundlichkeit.
	Swisscom interne Studie zur Messung der Wirkung der HCD-Organisation: «7 Design Skills»-Studie.	Emotion-Curve-Studie für die Swisscom Shops.	**Implementierung Customer Centricity Score (CCS) zur Messung der Kundenzentrierung der Organisation.**	Start von «Pulse» – zeitnahe und einfache Mitarbeiterumfrage für Employee-Engagement.	Zusammenführung der Messinstrumente in einem gemeinsamen Cockpit. (KuZu, NPS, CCS, Pulse)
Weiterentwicklung der)esign Skills» zu Rahmenbe- gungen für Führungskräfte. Bewusst gestaltetes ekrutierungserlebnis und inführung der Du-Kultur.	Weiterentwicklung «Experience Design Workout» mit aktueller Business-Challenge. **Ausbau Trainingsangebot:** **· HCD-Workout** **· HCD-Facilitator-Ausbildung** **· Mut zum Strich I & II** **· Prototyping-Workshop**	HCD-Facilitator-Pool übersteigt 100er-Grenze. Überarbeitung «CX-Forum» zum «CX-Day». (1 Tag)	70 Teammitglieder bei HCD. Neu ist Human Centered Design Bestandteil der «Swisscom Leadership Academy».	Integration Agile Coaching in HCD-Ausbildung. «Champion Magazin» wird eingestellt – zugunsten von digitalen Medien.	Entwicklung von Learning Communities.
au «Red Room», Liebefeld Gestaltung und Umbau «Salle Béjart», Lausanne	Entwicklung und Bau «ProjectGym» und «StoryGym», Genfergasse, Bern	Weiterentwicklung Betrieb von «BrainGym» und «ProjectGym», Bern	Entwurf und Bauleitung «Business Campus», Zürich	**Entstehung «LaWerkstadt», Biel/Bienne**	**Planung und Prototyping «Swisscom Arbeitsplatz 2020»**

Hasso Plattner Institut: Auswirkungen von Design Thinking

Frage: Was sind Ihrem Eindruck nach die Auswirkungen von Design Thinking in Ihrem Unternehmen?

Arbeitskultur hat sich verbessert

71 %

Innovationsprozesse sind effizienter

69 %

Nutzer werden häufiger integriert

48 %

Kosten wurden gesenkt
18 %

Quelle: Schmiedgen, Jan, 2015

The Design Value Index: Unternehmen, die in Design Thinking investieren, gehören zu den erfolgreichsten der Welt

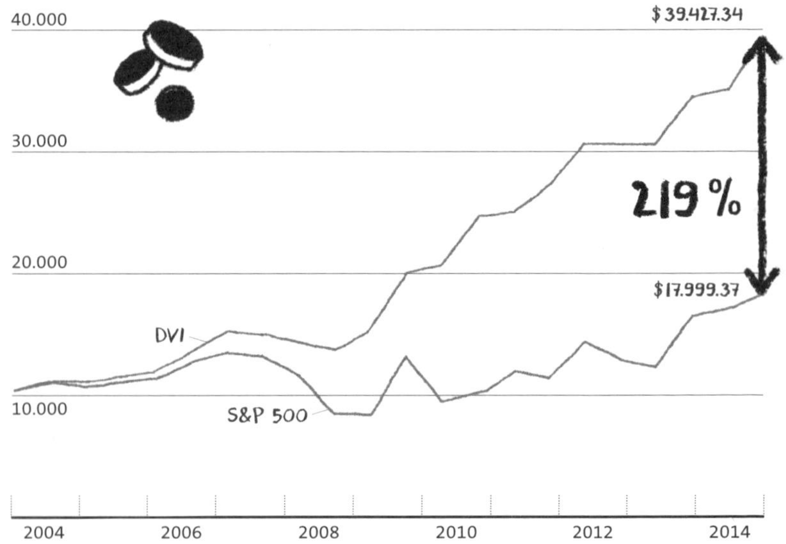

Ende 2014 waren folgende 16 US-Unternehmen im DIV enthalten: Apple, Ford, Herman-Miller, IBM, Intuit, Newell Rubbermaid, Nike, Procter & Gamble, Stanley Black & Decker, Starbucks, Starwood, Steelcase, Target, The Coca-Cola Company, Walt Disney und Whirlpool Corporation

Eine Investition von $ 10'000 in den Design Value Index (DVI) zeigt nach 10 Jahren einen 219 % höheren Return verglichen mit derselben Investition in eine Unternehmung des Standard & Poor's 500 Index («S&P 500»).

Quelle: Rae, Jeneanne, 2015

Einsatz bei Swisscom
CREATE
DELIVER

OUTRO

LOVE IT – CHANGE IT – LEAVE IT

Meine professionelle Reise mit Human Centered Design hat im Silicon Valley begonnen und ich habe für mich persönlich und für meine Arbeitsweise viel von dort mitgenommen. So sehr dieser Ort in Kalifornien auch Kreativschmiede für neue Technologien und Herangehensweisen ist, sollte er für uns doch vor allem eins sein: Inspiration. Die Kultur, wie wir sie dort vorfinden, lässt sich nicht eins zu eins in europäischen Unternehmen umsetzen. Und dies ist auch nicht nötig. Jedes Unternehmen muss seine eigene Kultur für sich definieren und leben. Und genau das haben wir bei Swisscom getan. Wir haben Human Centered Design als Arbeitsweise weiterentwickelt und auf das Unternehmen, die Mitarbeiter und die Kunden in der Schweiz abgestimmt.

Love it!

Natürlich haben wir auf unserem Weg viele Erfahrungen gemacht und Erkenntnisse gewonnen. In meiner Funktion als Leiterin des Bereiches HCD kann ich sagen, dass 3 Punkte für die Entwicklung und Etablierung der Innovationskultur bei Swisscom erfolgskritisch waren

love it
CHANGE IT
Leave
IT

und die wir so allen Unternehmen empfehlen, die sich auf die Reise machen.

1. Der Mensch steht im Zentrum. Und so war (und ist) das beste Kundenerlebnis immer unser höchstes Ziel, das von uns gelebt und durch die Konzernleitung als wichtiger Teil der Unternehmensstrategie etabliert wurde.
2. Eine Innovationskultur muss bewusst, langfristig und systemisch entwickelt werden. Dazu ist es notwendig, das Ideal zu beschreiben und Wege zu definieren, sich dem zu nähern. Und dies kreativ, hartnäckig und reflektiv.
3. Human Centered Design ist eine Disziplin und Denkhaltung, die sich mit dem Business verbinden muss und bei allen Entwicklungen Anwendung finden sollte.

Change it!

Natürlich haben wir Situationen erlebt, die wir nicht ganz richtig eingeschätzt haben. Aber wir haben daraus gelernt und würden dies heute etwas anders angehen. Hier unsere Top 3 Erkenntnisse, was wir heute anders machen würden.

1. Kompromissloser in der Anwendung von gemeinsamen Methoden und Tools. Wenn für die Projektentwicklung eine Arbeitsweise und Methode festgelegt wurde, sind diese die gemeinsame Grundlage der Zusammenarbeit. Dies ist umso wichtiger, wenn das Projektteam aus Mitarbeitern unterschiedlicher Unternehmensbereiche mit zum Teil sehr unterschiedlichen Zielen besteht und man konzernweit die Zusammenarbeit verbessern will.

1. Tag
2 Tag
3

2. Mehr auf Rahmenbedingungen achten. Wenn wir uns an die Bearbeitung eines Projektes machen, sollten die Rahmenbedingungen und Ziele gut definiert und mit den Auftraggebern besprochen sein. Die 7 Designs Skills (siehe Seite 105) können dabei die Rahmenbedingungen für die Zusammenarbeit und Zielvereinbarungen bilden.
3. Konsequente Rekrutierung. Die richtige Teamzusammenstellung ist für den Erfolg eines Projektes von entscheidender Bedeutung. Daher sollten nicht einfach die zur Zeit verfügbaren Mitarbeiter aus den involvierten Bereichen entsandt werden, sondern die richtigen, hungrigen Kandidaten (siehe Seite 130).

Leave it!

Wir haben auch Entscheidungen getroffen, die für die Erfahrung gut waren, wir aber sicher in Zukunft nicht wiederholen sollten. Auch dazu unsere 3 wichtigsten Erkenntnisse.

1. Es allen recht machen wollen. In der Regel sind an Verlauf und Ausgang eines Projektes mehrere Bereiche und Personen interessiert und involviert. Nicht alle teilen die gleichen Ziele. Es ist daher naturgemäss so, dass man es nicht allen recht machen wird.
2. Workshops anhand von theoretischen Problemstellungen. Insbesondere mit Personen, die weder Umsetzungs- noch Entscheidungskompetenzen haben, ist dies ein zu grosszügiger Umgang mit unseren Ressourcen.
3. Zu viele Methoden, zu wenig Time-Boxing. Die Erfahrung bestätigt, dass der Grundsatz, Projekte so knapp und einfach wie nötig zu halten, die Erfolgs-

Fail early, fail fast, fail cheap

Dank agilen, kundenorientierten Arbeitsweisen erreichen **30%** der Projektideen ihren Return on Investment

Quelle: SWAG, Silicon Valley

chancen deutlich erhöht. Dementsprechend sind Elemente, die ein Projekt unnötig komplex machen, zu meiden. Time-Boxing hilft sich nicht in ewigen Diskussionen zu verlieren.

Mein Rückblick mit Ausblick

Auch über die beruflichen Aspekte hinaus habe ich durch Design Thinking sehr viel gelernt. Genauso wie wir in unseren beruflichen Aufgaben das Kundenerlebnis in den Fokus stellen, sollten wir den Menschen und seine oft unausgesprochenen Bedürfnisse auch in unserer privaten Lebensplanung ins Zentrum setzen. Und so, wie ich es im beruflichen Leben gelernt habe, meiner Intuition, meinen Gefühlen und meinem Intellekt zu vertrauen, tue ich dies nun auch in meinem Privatleben. Auch dort gehe ich mit Tatendrang und Freude an die anstehenden Aufgaben. Und genau wie im Job kommen immer neue Erkenntnisse dazu, indem ich ...

... mit all meinen Sinnen zuhöre.

... einfach mal einen Prototyp mache.

... neugierig Feedback einhole, reflektiere und bewusst entscheide.

Das Leben ist ein Prototyp!

Polaritäten verbinden

Ein kreativer Unternehmer

Am Anfang des Buches habe ich einige Zeilen über die frei denkende Koboldin Lela und ihren planerischen Bruder Todo geschrieben. Die beiden personifizierten Pole Chaos und Struktur, die in unterschiedlicher Gewichtung in jedem von uns zu finden sind. Und ich habe das aus gutem Grund getan. In vielen Jobinterviews, Auswertungs- und Mitarbeitergesprächen ist mir bewusst geworden, dass viele von uns den einen oder anderen Pol als Teil ihrer Persönlichkeit annehmen, während sie den anderen eher unterdrücken. Dabei ist es die bewusste Verbindung eben dieser beiden Pole, die es uns ermöglicht, unser Potenzial voll auszuschöpfen und nicht nur Ideen zu haben, sondern auch umzusetzen. Diese Verbindung ermöglicht uns, den Schritt vom Manager hin zum kreativen Unternehmer zu schaffen und so einen stärkeren Einfluss auf den Erfolg des Unternehmens zu nehmen.

Herzlich,
Christina

PS: Die Reise mit Human Centered Design hat uns als Unternehmen weiterentwickelt. Wir blicken zuversichtlich und gut gerüstet in die Zukunft.

FACTS UND FIGURES RUND UM EINE MENSCHENZENTRIERTE INNOVATIONSKULTUR

Human Centered Design ist weit mehr als eine Arbeitsweise oder Methode. Es ist ein Mindset und eine Einstellung. Eine Haltung, an der man arbeiten kann und die sowohl unseren Kunden, dem Unternehmen als auch allen involvierten Personen einen Mehrwert bietet.

Natürlich ist die Sicht auf unsere Erlebnisse und Erfahrungen mit Human Centered Design subjektiv. Aber es gibt mittlerweile ausreichend Studien und Berichte anderer Unternehmen, Hochschulen und Experten, die unsere Sicht nachhaltig stützen. Auf den folgenden Seiten findet ihr eine Sammlung interessanter Facts und Figures rund um Human Centered Design, die euch zeigt, wie gross der Hebel sein kann, den wir mit einer menschenzentrierten Arbeitsweise bewegen können.

Oops! Innovation ist kein Zufall.

Fail early, fail fast, fail cheap

96%

aller Projektideen erreichen ihren Return on Investment nicht

Quelle: Meehan, Mary, 2014

3 Faktoren sind erfolgskritisch

Innovative Unternehmen tun drei Dinge sehr gut:

- Sie zeigen ein tiefes und ganzheitliches Verständnis für ihre Kunden und deren Bedürfnisse
- Sie bieten unverwechselbare Angebote und Erlebnisse, die genau diese Bedürfnisse befriedigen
- Sie orchestrieren ihre Unternehmensaktivitäten so, dass alle Ressourcen wirkungsvoll eingesetzt werden; Wettbewerbsvorteil durch unkopierbare Innovationskultur

Quelle: Meehan, Mary, 2014

PwC-Studie: Wachstumstreiber von Innovation

Frage: Welcher dieser Ansätze, glauben Sie, wird Innovation fördern und damit Ihrem Unternehmen am meisten Wachstum sichern?

Open Innovation
32 %

Individuelle Freiheit zum Leiten von Innovationsprojekten
25 %

Design Thinking
20 %

Corporate Venture Groups 11 %

Gründerzentren (Incubators) 10 %

Unternehmen glauben, Open Innovation wird am meisten Wachstum bringen; jedoch sind neue Ansätze wie Gründerzentren und Corporate Venturing am Aufholen.

Quelle: PwC, 2013

«Harvard Business Revue»: Investitionen in ein exzellentes Kundenerlebnis zahlen sich aus

Marktposition (Liegen vor der Konkurrenz)

Gewonnener Marktanteil aufgrund von CX

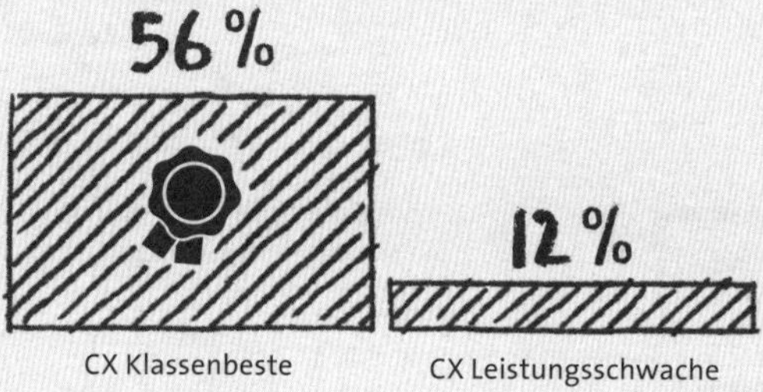

Unternehmen, die eine exzellente CX haben, haben sowohl eine höhere Marktposition wie auch mehr Marktanteil gegenüber der Konkurrenz.

Anteil der Befragten, die ihre Marktposition im Vergleich zur Konkurrenz einschätzen.

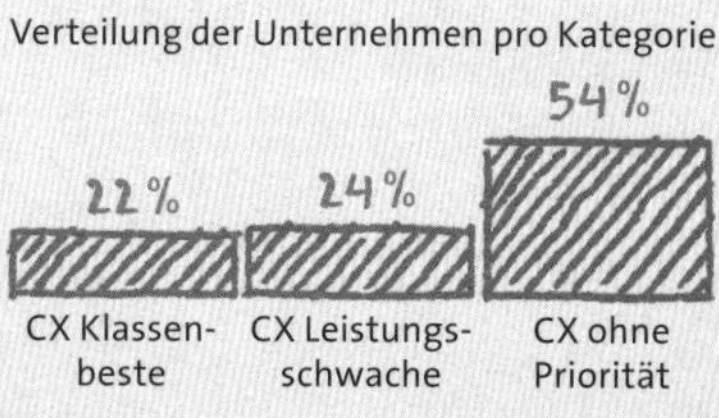

Quelle: Harvard Business Revue, 2015

Booz & Company: Top of Class dank kundenorientierter Arbeitsweise

Frage: Wie gut unterstützt Ihre Unternehmenskultur Ihre Innovationskultur?

Innovation durch Kunden-Insights

41 %

Need Seekers: Apple, Procter & Gamble und Tesla

Innovation durch Beobachten von Markt, Kunden und Wettbewerb

14 %

Market Readers: Samsung, Caterpillar und Visteon

Innovation durch Investition in F&E und Technologie

7 %

Technology Drivers: Bosch und Siemens

Bei innovativen Unternehmen, die den Kunden ins Zentrum allen Handelns stellen, unterstützt die Unternehmenskultur sehr stark die Innovationskultur.

Quelle: Booz & Company, 2011

Unternehmenskultur lohnt sich!

+202 %

besser performen Unternehmen
mit engagierten Mitarbeitenden

+31 %

höhere Produktivität dank
zufriedenen Mitarbeitenden

+37 %

mehr Absatz dank
zufriedenen Mitarbeitenden

+20 %

bessere Arbeit leisten engagierte
Mitarbeitende im Gegensatz
zu ihren nicht engagierten Kollegen

x 3

kreativer sind zufriedene
Mitarbeitende

Investitionen in Kultur
wirken sich auf alle
Geschäftsbereiche aus.

Quelle: Chatroop, Lisa, 2013

Mit vielen qualitativen Feedbacks zum Erfolg

Schnelle Reduktion nicht wertstiftender Projektideen

Quelle: Swisscom AG, 2015 (Looping.ch)

8 frühe Tester identifizieren 85 % der Probleme

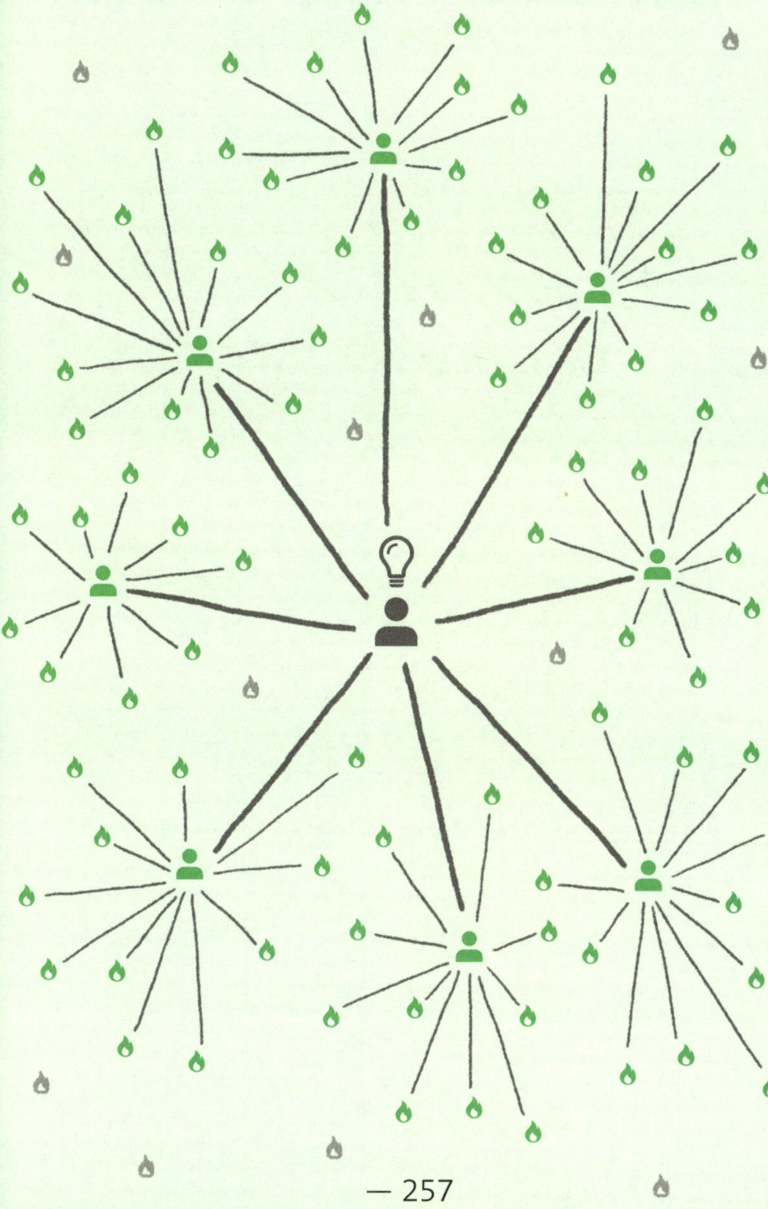

Quelle: Bourke, Michelle, 2015

Storydoing unterstützt die Vermarktung und erlaubt Einsparungen bei den Medienausgaben

Medienausgaben in % des Jahresumsatzes (2013)

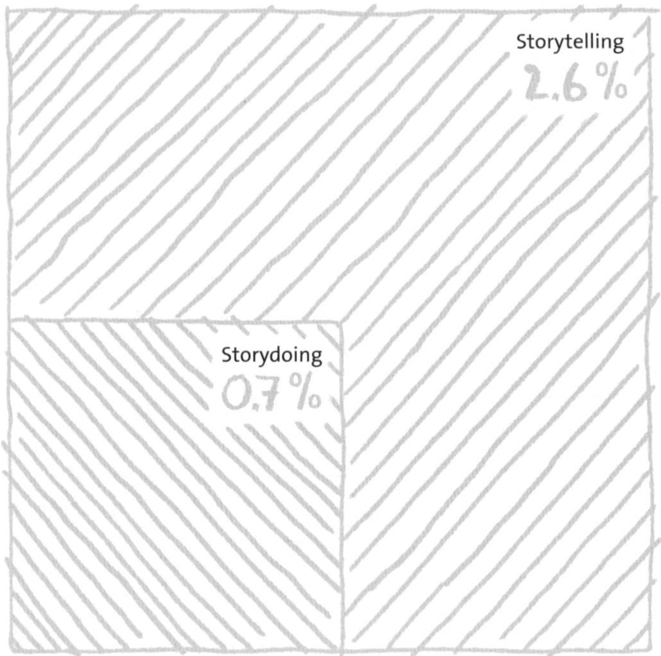

Unternehmen, die Storydoing betreiben, geben 0.7% des Jahres-umsatzes für die Vermarktung aus, Storytelling-Unternehmen 2.6%; also knapp 4x weniger.

Quelle: co:collective, 2014

Storydoing-Unternehmen sind positiv im Gespräch

Anzahl Social-Media-Nennungen (2013)

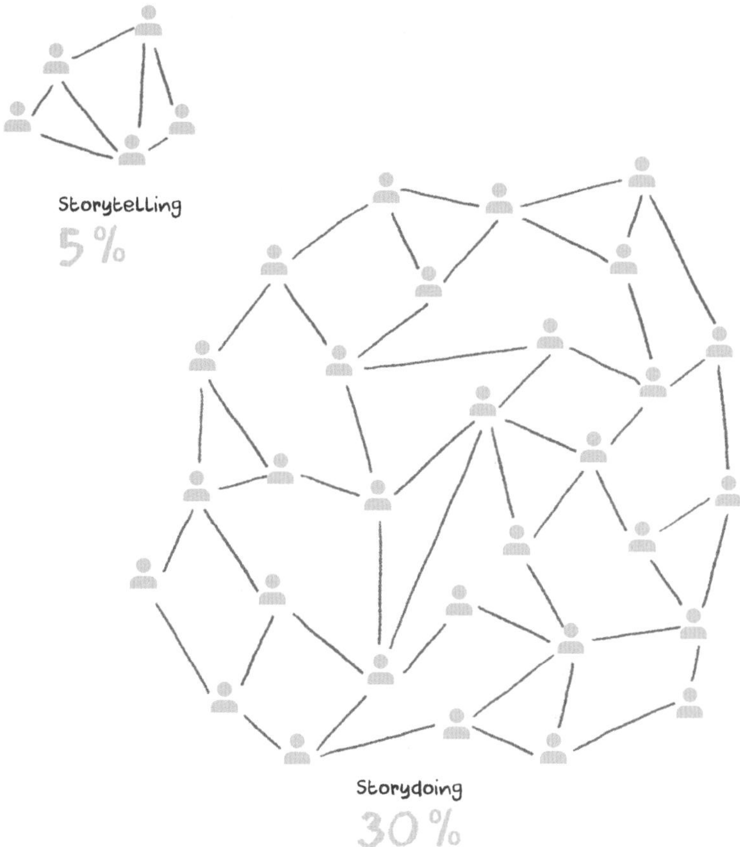

Die ersten Ergebnisse sind stringent. Storydoing-Unternehmen erzielen eine massiv grössere Anzahl Social-Media-Nennungen.

Quelle: co:collective, 2014

Der Unternehmenswert von Storydoing-Unternehmen wächst schneller

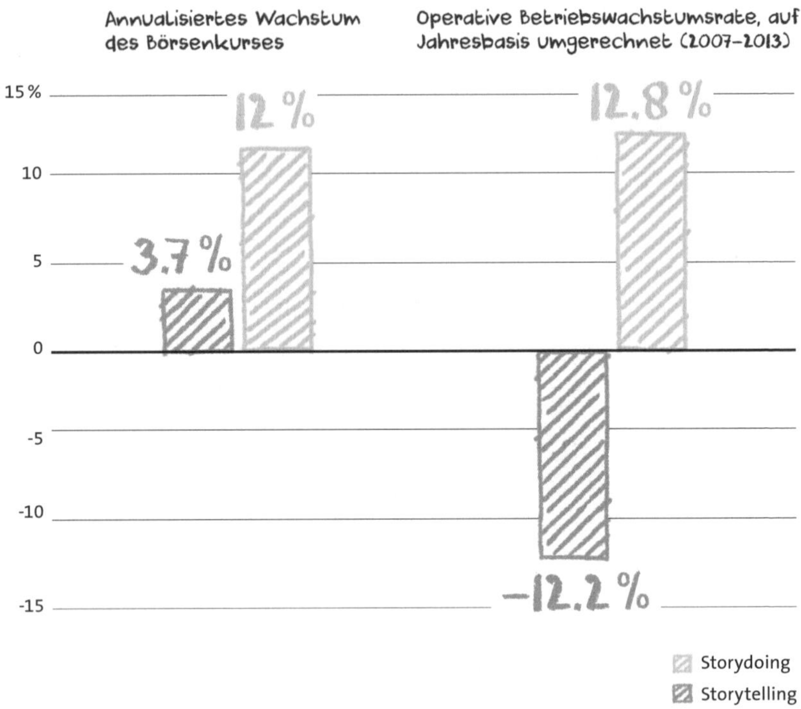

Quelle: co:collective, 2014

Doblin: Innovationsaktivität in Prozess- und Businessmodellen

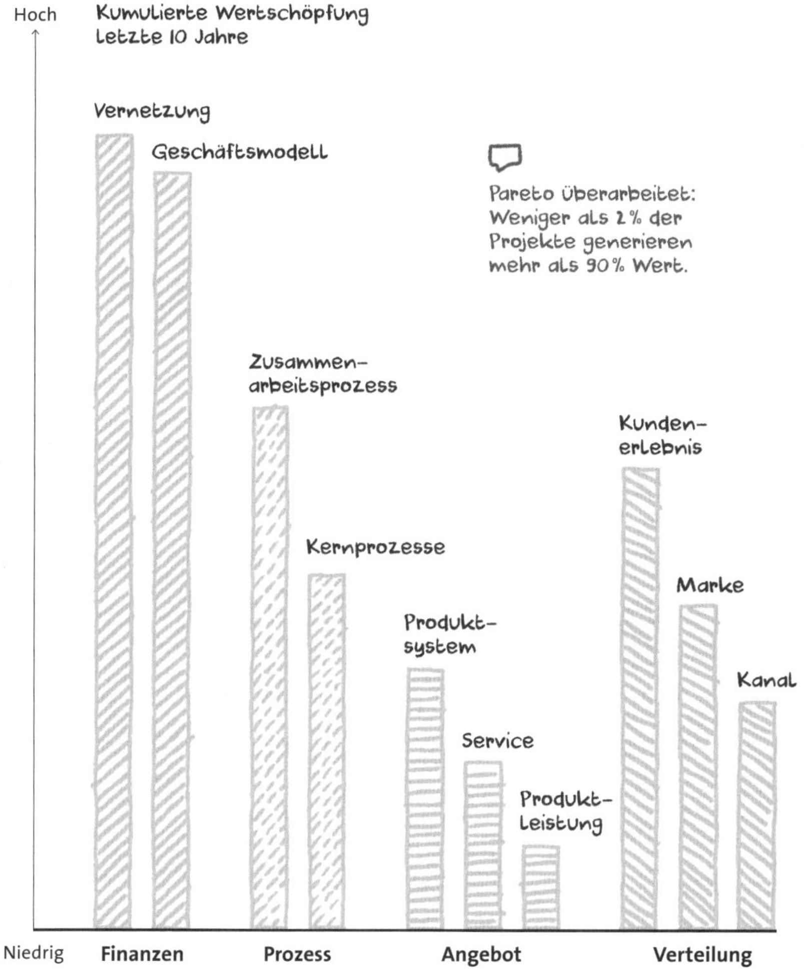

Quelle: Amplitude, 2014

Capgemini: Frühzeitige Zusammenarbeit mit Kunden schafft Wert

Frage: Welche Auswirkungen hatte das Involvieren von Kunden in Ihrer Unternehmung?

Neue Produkte oder Services
60%

Wettbewerbsvorteil
57%

Neukunden
42%

Höherer Marktanteil
36%

Höheres Markenbewusstsein
34%

Mehr Kundenbindung
21%

Quelle: Capgemini Consulting, 2010

«Harvard Business Revue»: Was sind die zentralen Faktoren für eine kundenzentrierte Strategie?

Führungskräfte bewerten Wichtigkeit und Umsetzung zentraler Faktoren für eine kundenzentrierte Strategie

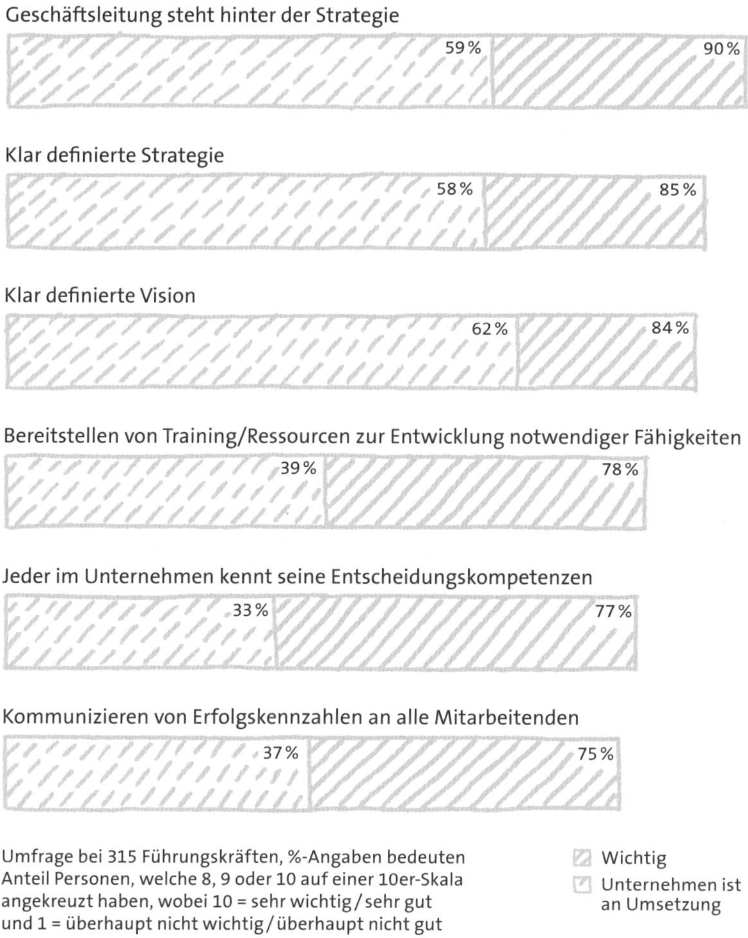

Umfrage bei 315 Führungskräften, %-Angaben bedeuten Anteil Personen, welche 8, 9 oder 10 auf einer 10er-Skala angekreuzt haben, wobei 10 = sehr wichtig / sehr gut und 1 = überhaupt nicht wichtig / überhaupt nicht gut

Quelle: Harvard Business Review, 2015

IBM-Studie erhebt wichtigste Quellen von Innovationsimpulsen

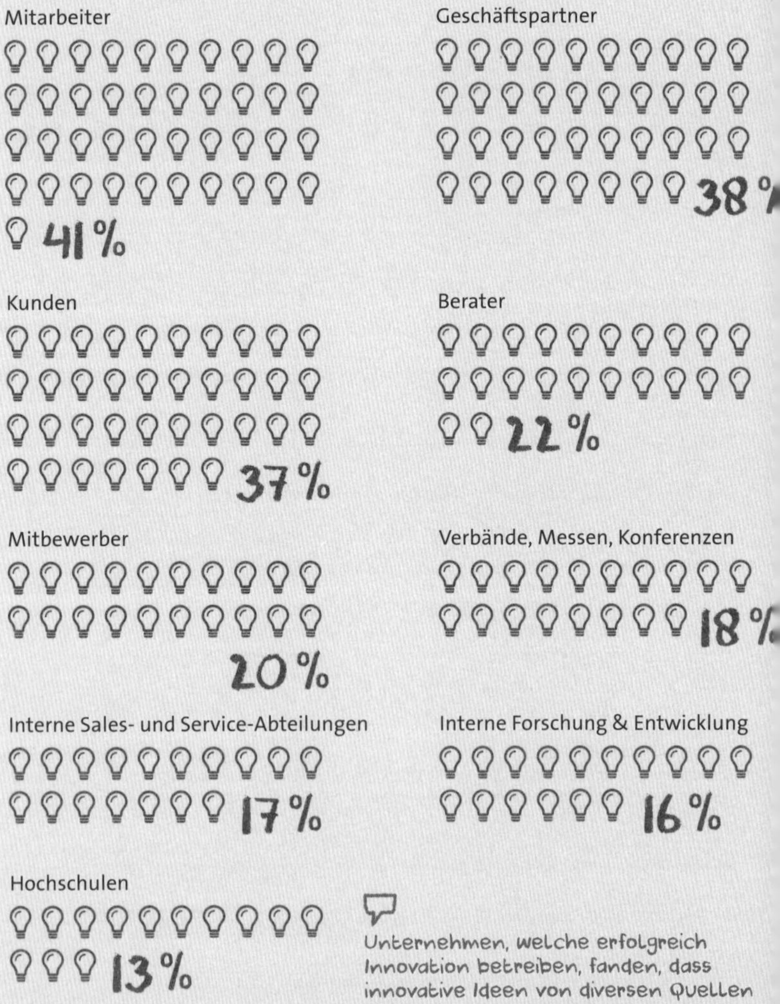

Quelle: IBM Corporation, 2006

Diversität in Teams treibt Innovation voran

Frage: Wie sehr stimmen Sie folgender Aussage zu? «Heterogene und integrative Teams sind wichtig, um unterschiedliche Perspektiven und Ideen zu fördern, welche Innovation vorantreiben.»

Zustimmung
- ✓ voll und ganz (48 %)
- ✓ eher (37 %)
- × eher nicht (11 %)
- × überhaupt nicht (3 %)
- ? weiss nicht (1 %)

Umfrageteilnehmer stimmen überdurchschnittlich zu, dass es eine bunt gemischte und integrative Arbeitnehmerschaft braucht, um die Innovationsstrategie anzutreiben.

Quelle: Forbes Insights, 2011

PwC zu Innovation und Zusammenarbeit

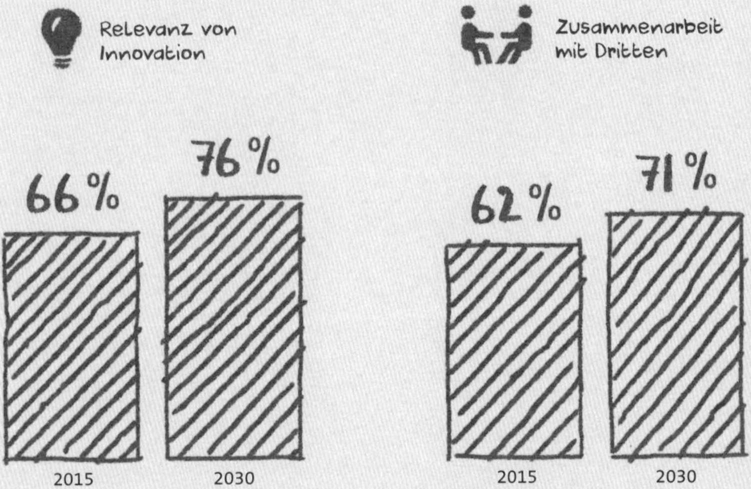

Anteil Befragte, die erwarten, dass 2015 bzw. 2030 der Anteil an Produkt- und Service-Innovationen mind. 25 % des Betriebsumsatzes ausmacht.

Anteil Befragte, die erwarten, dass 2015 bzw. 2030 der Umsatzanteil aus kollaborativer Produkt- und Service-Innovation mind. 25 % des Betriebsumsatzes ausmacht.

Eine Verlagerung Richtung kollaborative Ansätze macht ökonomisch Sinn. Kooperationen dieser Art befähigen Firmen, Innovation zu beschleunigen und sich eine wettbewerbsfähige Marktposition zu sichern.

Quelle: PwC, 2013

PwC: Innovation erfordert Zusammenarbeit an mehreren Fronten

Frage: Mit welchen der folgenden «Partner» planen Sie in den nächsten drei Jahren zusammenzuarbeiten?

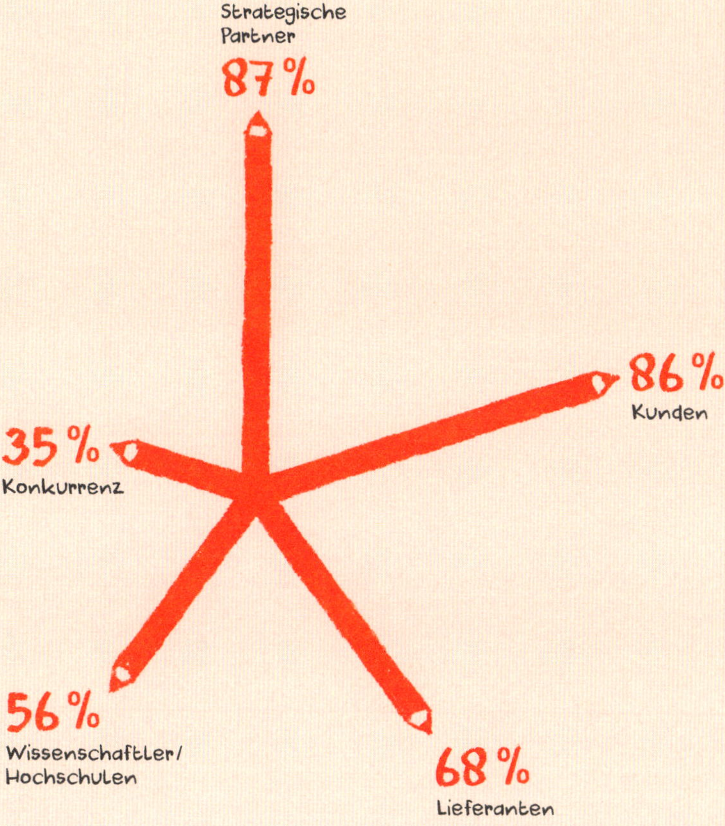

Quelle: PwC, 2013

Ziel: Agile kundenorientierte Arbeitsweise bei Swisscom verankern

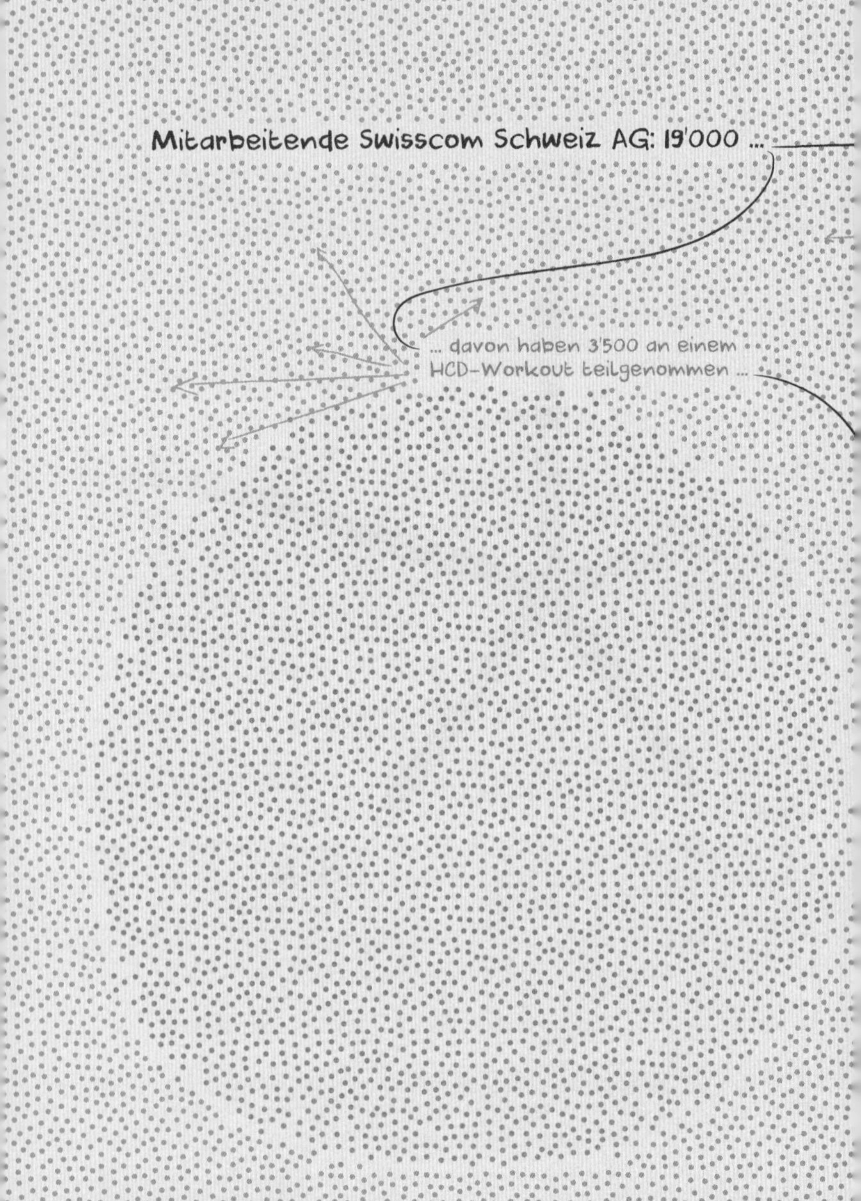

Quelle: Swisscom AG, 2016

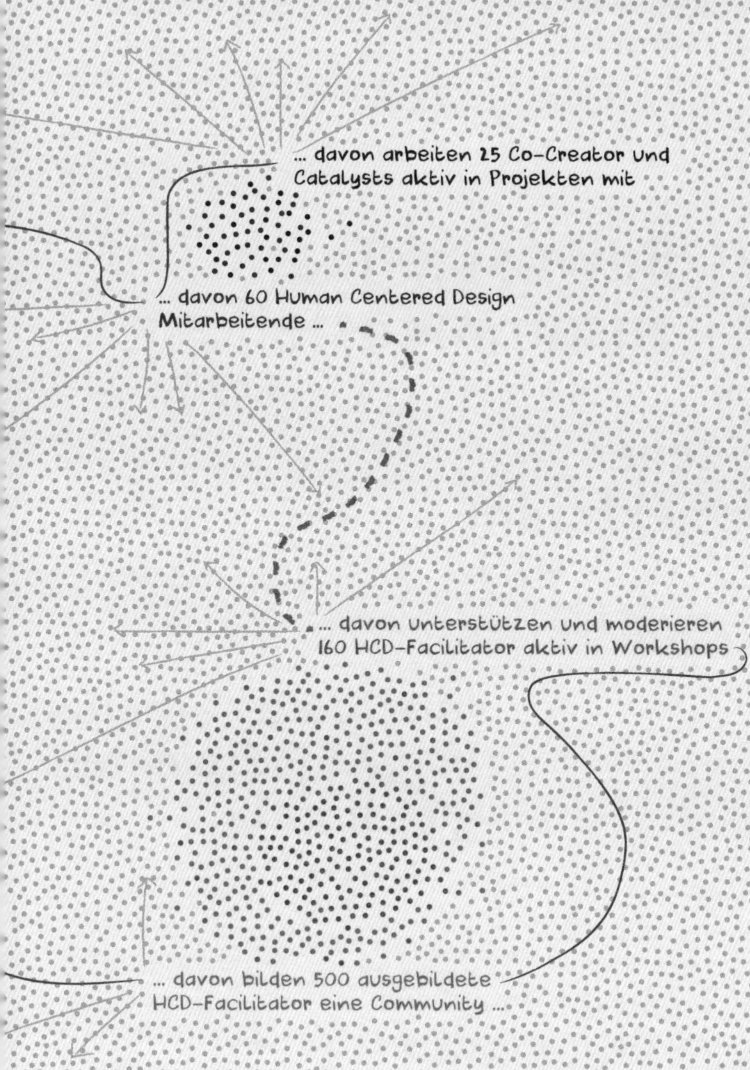

Weg: Experten Team mit hoher Vernetzung und Wirkung

Rahmenbedingungen für leistungsstarke, innovative Teams

Frage: Welche Rahmenbedingungen haben Ihre Teams aktuell, um Hochleistung erbringen zu können?

Bewusste Teamzusammenstellung
50 %

Eigener Projektraum
42 %

Mitarbeiter arbeiten in max. 2 Projekten gleichzeitig
38 %

Kurze Feedbackschleifen mit Projektauftraggeber
24 %

Quelle: AS & P Unternehmensberatung, 2015

Frage: Was würden Sie als Erstes ändern, um Hochleistung in Ihrem Unternehmen zu ermöglichen?

Fokus
Mehr als die Hälfte der Befragten sind der Meinung, dass «Fokussieren auf wenige Projekte pro Person» einer der entscheidendsten Faktoren für Hochleistung ist.

1.

Spielraum
An zweiter Stelle steht die Gewährung von Freiräumen. Das äussert sich in Kommentaren wie «Führungskultur anpassen» und «selbstständiges Entscheiden ermöglichen».

2.

Ort
An dritter Stelle wird die Räumlichkeit angeführt, die die Befragten mit Priorität ändern würden, um Hochleistung zu ermöglichen.

3.

Umfrage bei 87 Teilnehmern aus Automotive, Elektronik und Maschinenbau zum Thema Hochleistungsteams.

Fokussieren und Zusammenarbeit by Design

Das Büro der Zukunft fördert fokussiertes Arbeiten und Zusammenarbeit gleichermassen und ist damit am erfolgreichsten

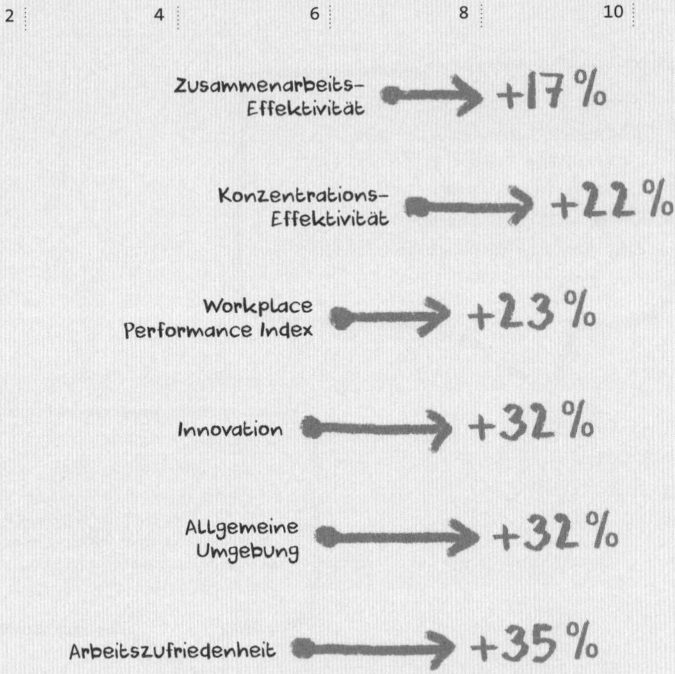

Die Prozentangabe zeigt die Differenz von Befragten beider Arbeitsraumwelten. Befragte aus einer nicht balancierten Arbeitsumgebung (links) und aus einer balancierten (rechts). Die Werte sind auf einer 10er-Skala.

Balance zwischen Raum für fokussierte Arbeitsweise und Zusammenarbeit erhöht die Leistungsfähigkeit.

Quelle: Gensler, 2015

Bewusst entwickelte Unternehmenskultur fördert Kreativität und Innovation

Unternehmen, die bewusst ihre Kultur entwickeln …

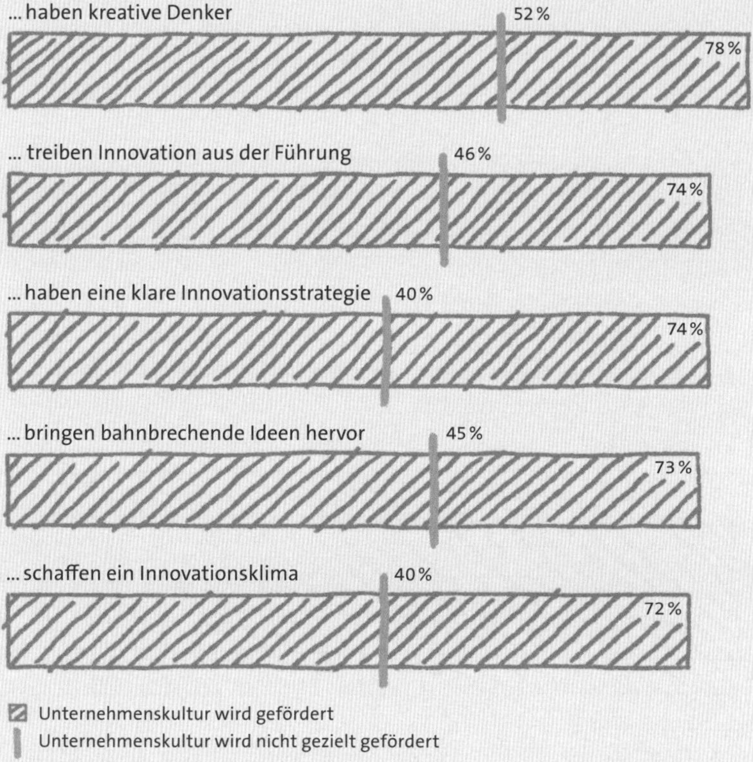

Umfrage: Prozentangaben bedeuten Anteil Mitarbeitende, die ihren Arbeitgeber hoch einschätzten.

Quelle: Gensler, 2015

Der Bedarf an alternativen Arbeitsumgebungen wurde erkannt

Auch wenn die Mehrpersonenbüros noch in der Mehrheit die F&E-Bürostruktur bestimmen – die hybride Arbeitsumgebung und die Open Space-Flächen sind im Kommen und machen immerhin schon einen Viertel der Raumverhältnisse aus.

Quelle: Tagwerker-Sturm, Maria, 2012

Bewusst gestaltete Arbeitsumgebungen beflügeln die Arbeitszufriedenheit und die Mitarbeiter Performance

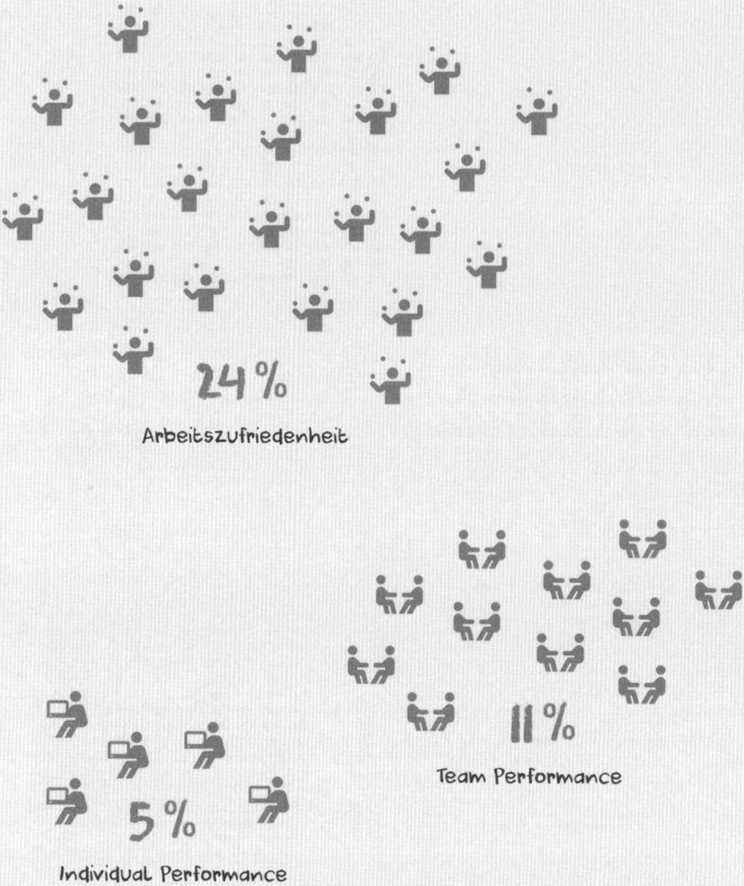

Aus der Studie vom British Council for Offices «Der Einfluss vom Office-Design auf die Geschäftstätigkeit».

Quelle: Commission for Architecture & the Built Environment and the British Council for Offices, 2005

Future Store: Der POS der Zukunft stellt den Kunden ins Zentrum

Im Extra Future Store in Rheinberg ...

Anteil der Anwender, die den Nutzen der einzelnen Technikangebote als «hoch» oder «mittel» bewerten:

90 %

Neukundenanteil des Rheinberger Extra-Markts seit der Neueröffnung Ende April 2003: **30 %**

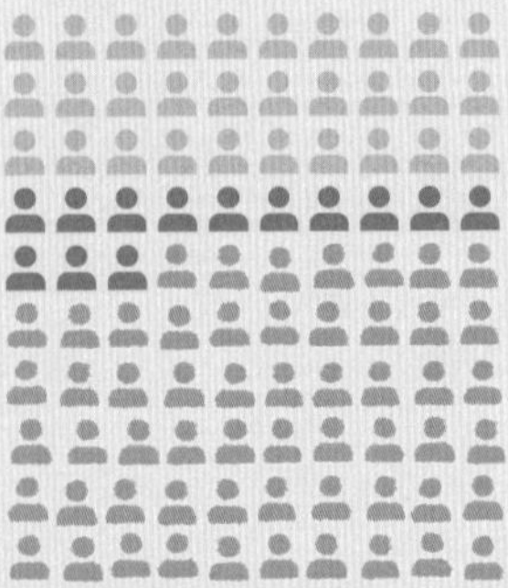

Erhöhung des Anteils der Stammkunden seit der Eröffnung:

30 % auf 43 %

Quelle: Handelsblatt, 2003

Arbeitsräume als Katalysatoren von Innovation

Delphi-Befragung von 136 ausgewählten Experten aus Wirtschaft, Wissenschaft, Verbänden und Politik zu folgenden Thesen:

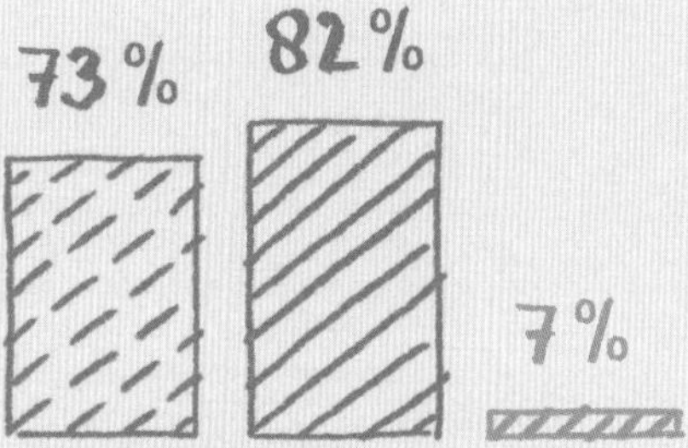

Nur Unternehmen, die Kreativität und Erfahrung massiv stimulieren und honorieren, sind auf Dauer wirtschaftlich erfolgreich.

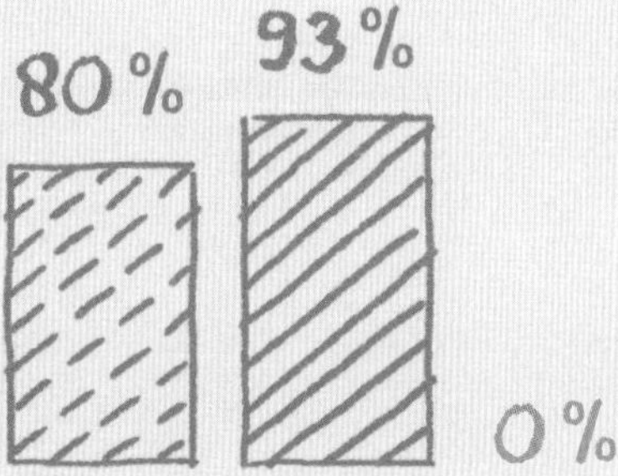

Kreative und komplexe Zusammenhänge visualisieren und bearbeiten wir an grossflächigen, berührungssensitiven, digitalen Oberflächen.

- Zustimmung bis 2025
- Zustimmung bis 2030
- Ablehnung der These (Anteil «Nie» in Prozent)

Bürogebäude in Form intelligenter, technologiebasierter und maximal medial unterstützter Arbeitsumgebuneng, spielen in einer virtualisierten Arbeitswelt eine essenzielle Rolle. Mitarbeitende identifizieren sich über die Büroräume mit der Organisation, die Räume sind wichtig bei der Entwicklung und Bündelung der Innovationskraft; sie sind Schnittstelle virtueller und realer Welt bei produktiven und kreativen Prozessen.

Quelle: Fraunhofer IAO, 2016

Kundenerlebnisse bewusst gestalten – die vom Kunden erlebten Tops & Flops

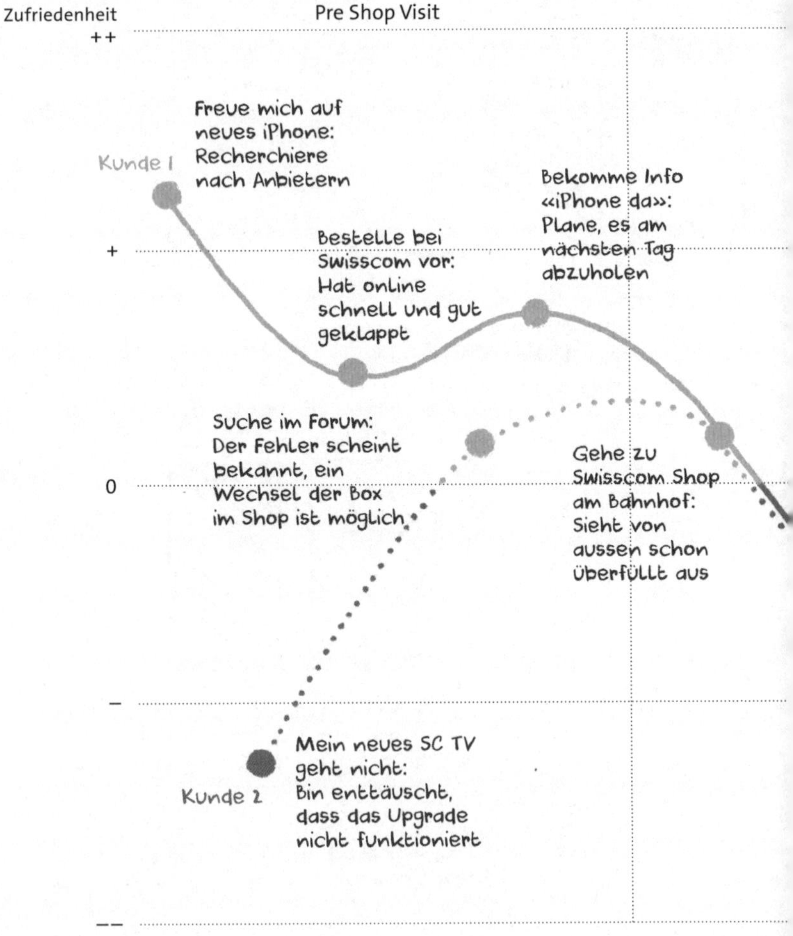

Quelle: Swisscom AG, 2012

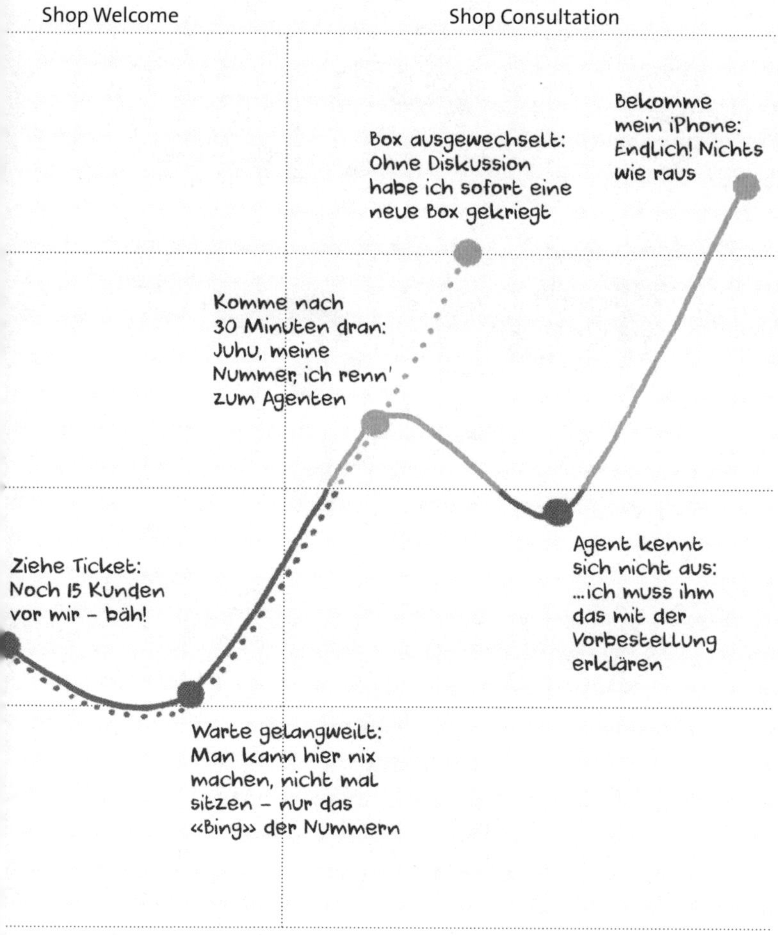
Shop Welcome
Shop Consultation
Bekomme mein iPhone: Endlich! Nichts wie raus
Box ausgewechselt: Ohne Diskussion habe ich sofort eine neue Box gekriegt
Komme nach 30 Minuten dran: Juhu, meine Nummer, ich renn' zum Agenten
Ziehe Ticket: Noch 15 Kunden vor mir – bäh!
Agent kennt sich nicht aus: ...ich muss ihm das mit der Vorbestellung erklären
Warte gelangweilt: Man kann hier nix machen, nicht mal sitzen – nur das «Bing» der Nummern

Kundenzentrierung messen und daraus lernen

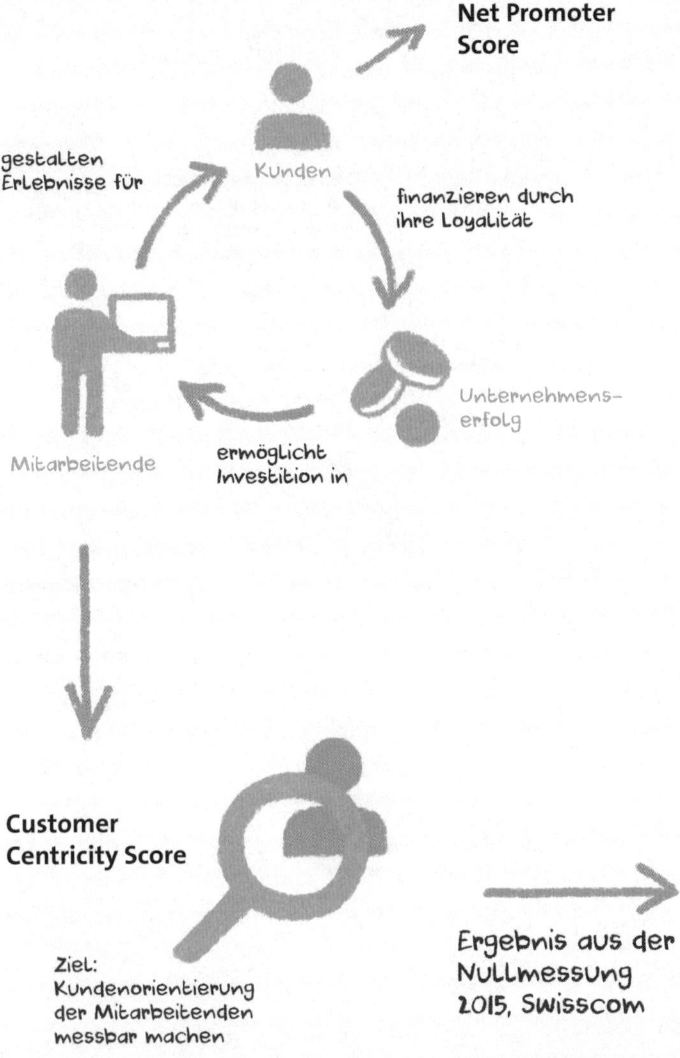

Quelle: Swisscom AG, 2016

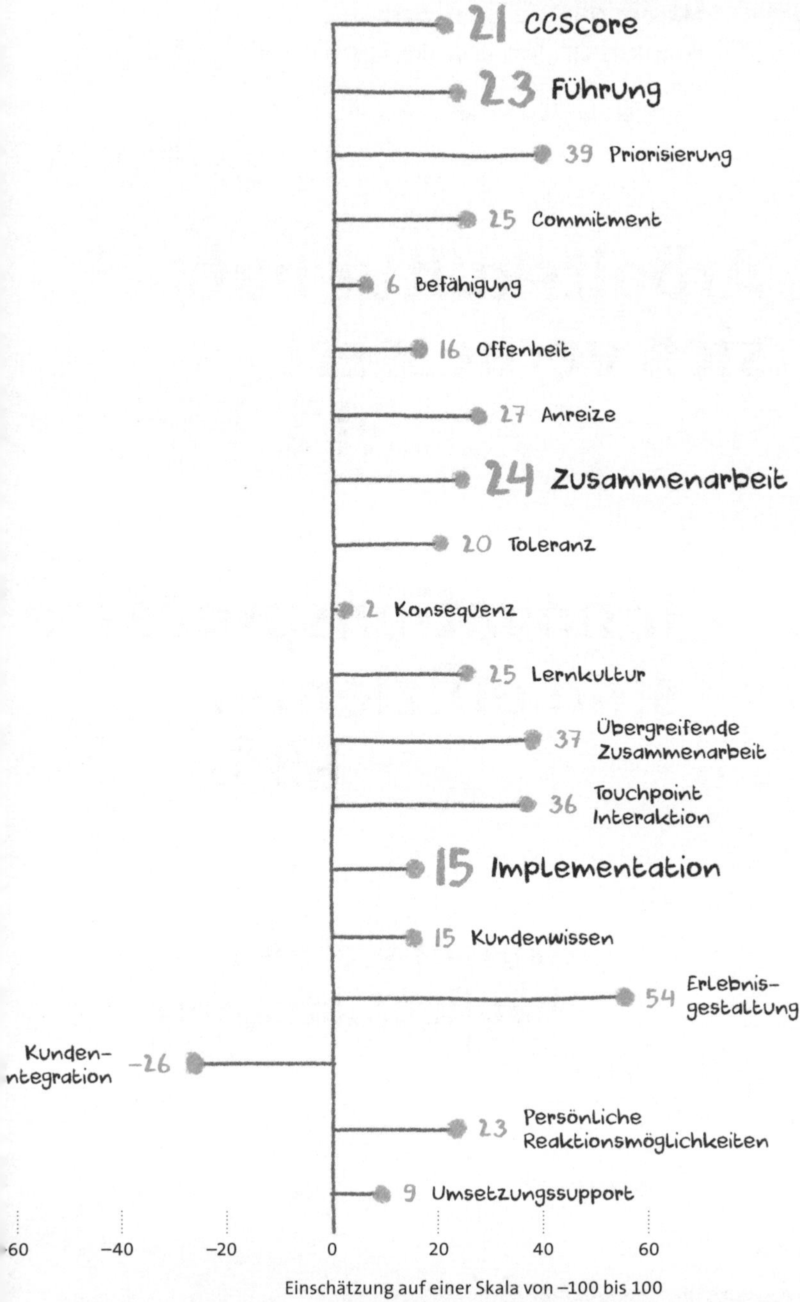
21 CCScore
23 Führung
39 Priorisierung
25 Commitment
6 Befähigung
16 Offenheit
27 Anreize
24 Zusammenarbeit
20 Toleranz
2 Konsequenz
25 Lernkultur
37 Übergreifende Zusammenarbeit
36 Touchpoint Interaktion
15 Implementation
15 Kundenwissen
54 Erlebnis-gestaltung
Kunden-ntegration -26
23 Persönliche Reaktionsmöglichkeiten
9 Umsetzungssupport
60
–40
–20
0
20
40
60
Einschätzung auf einer Skala von –100 bis 100

Hasso Plattner Institut: Auswirkungen von Design Thinking

Frage: Was sind Ihrem Eindruck nach die Auswirkungen von Design Thinking in Ihrem Unternehmen?

Arbeitskultur hat sich verbessert

71 %

Innovationsprozesse sind effizienter

69 %

Nutzer werden häufiger integriert

48 %

Kosten wurden gesenkt

18 %

Quelle: Schmiedgen, Jan, 2015

The Design Value Index: Unternehmen, die in Design Thinking investieren, gehören zu den erfolgreichsten der Welt

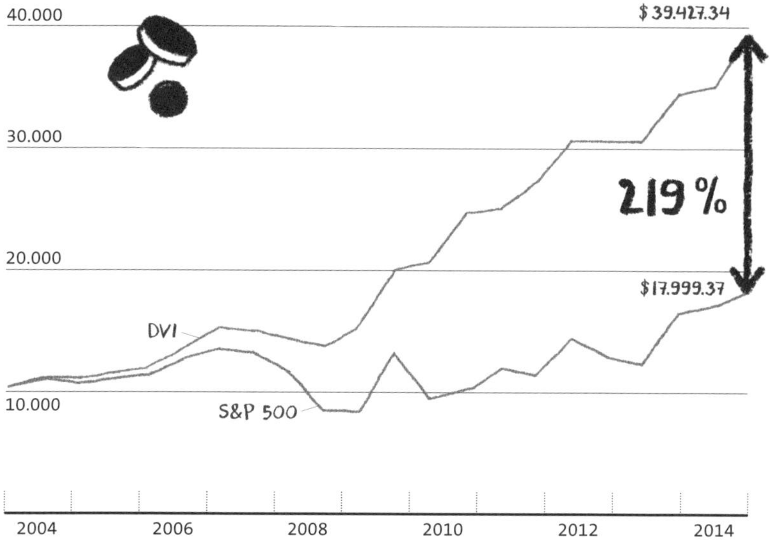

Ende 2014 waren folgende 16 US-Unternehmen im DIV enthalten: Apple, Ford, Herman-Miller, IBM, Intuit, Newell Rubbermaid, Nike, Procter & Gamble, Stanley Black & Decker, Starbucks, Starwood, Steelcase, Target, The Coca-Cola Company, Walt Disney und Whirlpool Corporation

Eine Investition von $ 10'000 in den Design Value Index (DVI) zeigt nach 10 Jahren einen 219 % höheren Return verglichen mit derselben Investition in eine Unternehmung des Standard & Poor's 500 Index («S&P 500»).

Quelle: Rae, Jeneanne, 2015

Temkin-Erlebnismessung: Bessere Kundenerlebnisse = loyalere Kunden

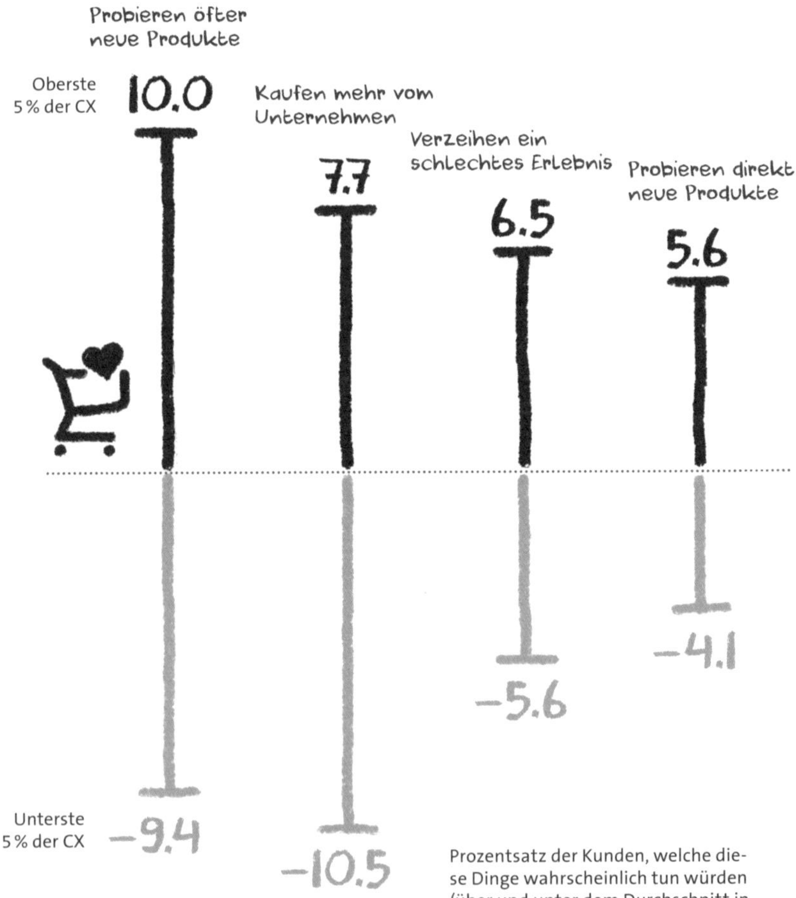

Prozentsatz der Kunden, welche diese Dinge wahrscheinlich tun würden (über und unter dem Durchschnitt in Prozentpunkten). Temkin-Erlebnismessungen verglichen mit Branchendurchschnitt.

Quelle: Temkin, Bruce, 2016

Ein exzellentes Kundenerlebnis schöpft die Zahlungsbereitschaft ab

9 von 10

US-Konsumenten wären allgemein bereit, mehr zu bezahlen für ein garantiert besseres Kundenerlebnis.

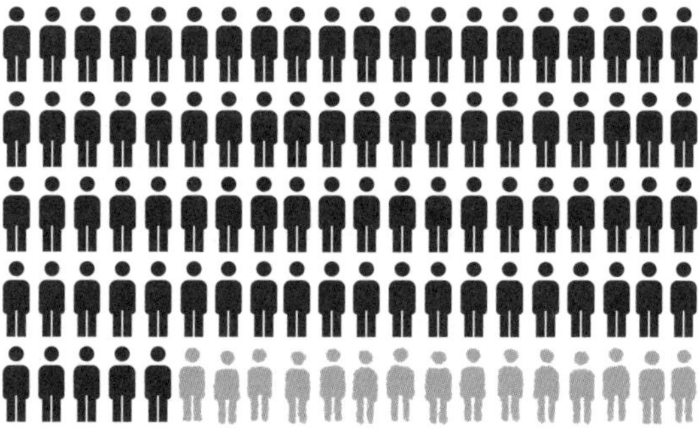

85 %

der Antwortenden sagen, dass sie bereit wären …

… bis zu 25 %

mehr zu bezahlen für ein besseres Kundenerlebnis.

Quelle: Help Scout, 2012

- **12 und 30 | Meehan, Mary:** Flux: New Rules for Innovation And Growth. In: Forbes. Stand: 24. März 2014. http://www.forbes.com/sites/marymeehan/2014/03/24/flux-the-new-rules-for-innovation-and-growth/#6b7a189a4ba8 (abgerufen am 24. Januar 2016).
- **51 | Swisscom AG,** 2015 (Looping.ch)
- **62 | Temkin, Bruce** (2016): ROI of Customer Experience (Infographic). https://experiencematters.wordpress.com/2016/01/15/roi-of-customer-experience-infographic/ (abgerufen am 24. Januar 2016).
- **73 | co:collective** (2014): Storydoing company valuations have grown faster. http://www.storydoing.com/2013/ (eingesehen am 24. Januar 2016)
- **96 | Forbes Insights** (Hrsg.) (2011): Global Diversity and Inclusion – Fostering Innovation Trough a Diverse Workforce. Forbes Insights. New York.
- **100 | Swisscom AG**, 2016
- **161 | Tagwerker-Sturm, Maria:** Innovationskraft durch Architektur? – Über den Einfluss der Arbeitsumgebung. In: Inknowaktion. Stand: 6. Juni 2012. http://www.inknowaction.com/blog/2012/06/06/innovationskraft-durch-architektur-uber-den-einfluss-der-arbeitsumgebung/ (abgerufen am 24. Januar 2016).
- **163 | Spath, Dieter (Hrsg.) (2012):** Arbeitswelten 4.0 – Wie wir morgen arbeiten und leben. Fraunhofer-Institut für Arbeitswirtschaft und Organisation

IAO, Fraunhofer Verlag. Stuttgart.

- **206 | Swisscom AG**, 2016
- **210 | Bourke, Michelle:** 6 Ways to Involve Customers in Your Product Innovation. In: LinkedIn. Stand: 19. Juli 2015. https://www.linkedin.com/pulse/6-ways-involve-customers-your-product-innovation-michelle-bourke (abgerufen am 24. Januar 1016).
- **235 | Schmiedgen, Jan;** Rhinow, Holger; Köppen, Eva und Meinel, Christoph: Without a Whole? The Current State of Design Thinking Practice in Organizations. Universitätsverlag Potsdam, 2015, S. 101.
- **236 | Rae, Jeneanne** (2015): Good Design Drives Shareholder Value – 2015 Design Value Index. The Design Management Institute and Motiv Strategies. Boston. 1.
- **250–251 | Meehan, Mary:** Flux: New Rules for Innovation And Growth. In: Forbes. Stand: 24. März 2014. http://www.forbes.com/sites/marymeehan/2014/03/24/flux-the-new-rules-for-innovation-and-growth/#6b7a189a4ba8 (abgerufen am 24. Januar 2016).
- **252 | PricewaterhouseCoopers** (Hrsg.) (2013): Breakthrough innovation and growth. PwC Design Services. Frankfurt am Main.
- **253 | Harvard Business Review** (Hrsg.) (2015): Customer Experience in the Digital Age – The New Competitive Edge. Harvard Business School Publishing. Boston.
- **254 | Booz & Company** (Hrsg.) (2011): The Global Innovation 1000 – Why Culture is Key. PwC Strategy&Inc. New York.

· **255 | Chatroop, Lisa:** Workplace Happiness: The High Cost of Unhappy Employees (Infographic). Stand: 13. November 2013. http://good.co/blog/2013/11/13/workplace-happiness/ (abgerufen am 24. Januar 2016).

· **256 | Swisscom AG,** 2015 (Looping.ch)

· **257 | Bourke, Michelle:** 6 Ways to Involve Customers in Your Product Innovation. In: LinkedIn. Stand: 19. Juli 2015. https://www.linkedin.com/pulse/6-ways-involve-customers-your-product-innovation-michelle-bourke (abgerufen am 24. Januar 1016).

· **258 | co:collective** (2014): Storydoing companies spend less on media. http://www.storydoing.com/2013/ (eingesehen am 24. Januar 2016)

· **259 | co:collective** (2014): Storydoing companies create more social engagement. http://www.storydoing.com/2013/ (eingesehen am 24. Januar 2016)

· **260 | co:collective** (2014): Storydoing company valuations have grown faster. http://www.storydoing.com/2013/ (eingesehen am 24. Januar 2016)

· **261 | Brand Amplitude** (2014): To Turbo Charge Your Innovation Efforts, Lean into Culture. http://www.brandamplitude.com/blog/innovation/item/to-turbo-charge-your-innovation-efforts-lean-into-culture (eingesehen am 26. Januar 2016).

· **262 | Capgemini Consulting** (Hrsg.) (2010): Co-creation beyond the hype – Results of the Global Co-creation Survey 2010. Capgemini Nederland B.V. Utrecht.

· **263 | Harvard Business Review** (Hrsg.) (2015): Making Customer-Centric Strategies Take Hold. Harvard

Business School Publishing. Boston.

· **264 | IBM Corporation** (Hrsg.) (2006): Expanding the Innovation Horizon – The Global CEO Study 2006. IBM Global Services. Somers NY.

· **265 | Forbes Insights** (Hrsg.) (2011): Global Diversity and Inclusion – Fostering Innovation Trough a Diverse Workforce. Forbes Insights. New York.

· **266–267 | PricewaterhouseCoopers** (Hrsg.) (2013): Breakthrough innovation and growth. PwC Design Services. Frankfurt am Main.

· **268 | Swisscom AG,** 2016

· **270 | AS&P Unternehmensberatung** (Hrsg.) (2015): Hochleistung: Nicht ohne meinen Coach! In: Der F&E Manager, 4/2015, Sauerlach b. München, 46-47.

· **272–273 | Gensler** (Hrsg.) (2013): 2013 U.S. Workplace Survey – Key Findings. Gensler Publications. 10–11. http://www.gensler.com/uploads/documents/2013_US_Workplace_Survey_07_15_2013.pdf (eingesehen 24. Januar 2016).

· **274 | Tagwerker-Sturm, Maria:** Innovationskraft durch Architektur? – Über den Einfluss der Arbeitsumgebung. In: Inknowaktion. Stand: 6. Juni 2012. http://www.inknowaction.com/blog/2012/06/06/innovationskraft-durch-architektur-uber-den-einfluss-der-arbeitsumgebung/ (abgerufen am 24. Januar 2016).

· **275 | Commission for Architecture & the Built Environment and the British Council for Offices** (Hrsg.) (2005): The impact of office design on business performace. London. S.44.

· **276 | Handelsblatt:** Supermarkt der Zukunft besteht ersten Praxistest. Stand: 13. Oktober 2003. http://www.handelsblatt.com/unternehmen/management/future-store-supermarkt-der-zukunft-besteht-ersten-praxistest/2278800.html (abgerufen am 24. Januar 2016).

- **277 | Spath, Dieter (Hrsg.) (2012):** Arbeitswelten 4.0 – Wie wir morgen arbeiten und leben. Fraunhofer-Institut für Arbeitswirtschaft und Organisation IAO, Fraunhofer Verlag. Stuttgart.
- **278 | Swisscom AG,** 2012
- **280 | Swisscom AG,** 2016
- **282 | Schmiedgen, Jan;** Rhinow, Holger; Köppen, Eva und Meinel, Christoph: Without a Whole? The Current State of Design Thinking Practice in Organizations. Universitätsverlag Potsdam, 2015, S. 101.
- **283 | Rae, Jeneanne** (2015): Good Design Drives Shareholder Value – 2015 Design Value Index. The Design Management Institute and Motiv Strategies. Boston. 1.
- **284 | Temkin, Bruce** (2016): ROI of Customer Experience (Infographic). https://experiencematters.wordpress.com/2016/01/15/roi-of-customer-experience-infographic/ (abgerufen am 24. Januar 2016).
- **285 | Help Scout** (2012): 75 Customer Service Facts, Quotes & Statistics. http://downloads.helpscout.net/Help-Scout_75-CustServ-Stats-eBook.pdf (abgerufen am 26. Januar 2016).